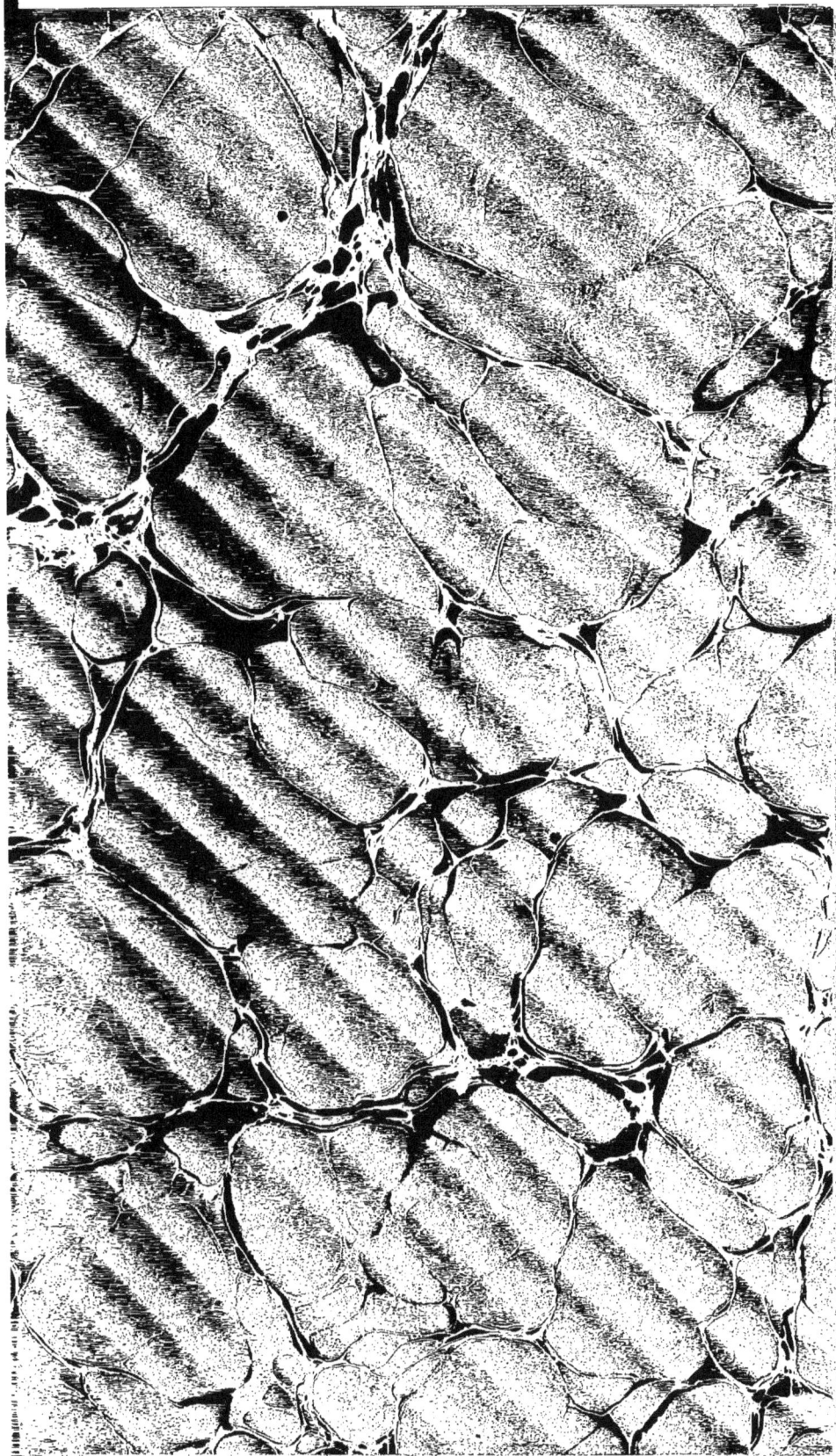

28181

LES FORÊTS ET LES PATURAGES

DU COMTÉ DE NICE.

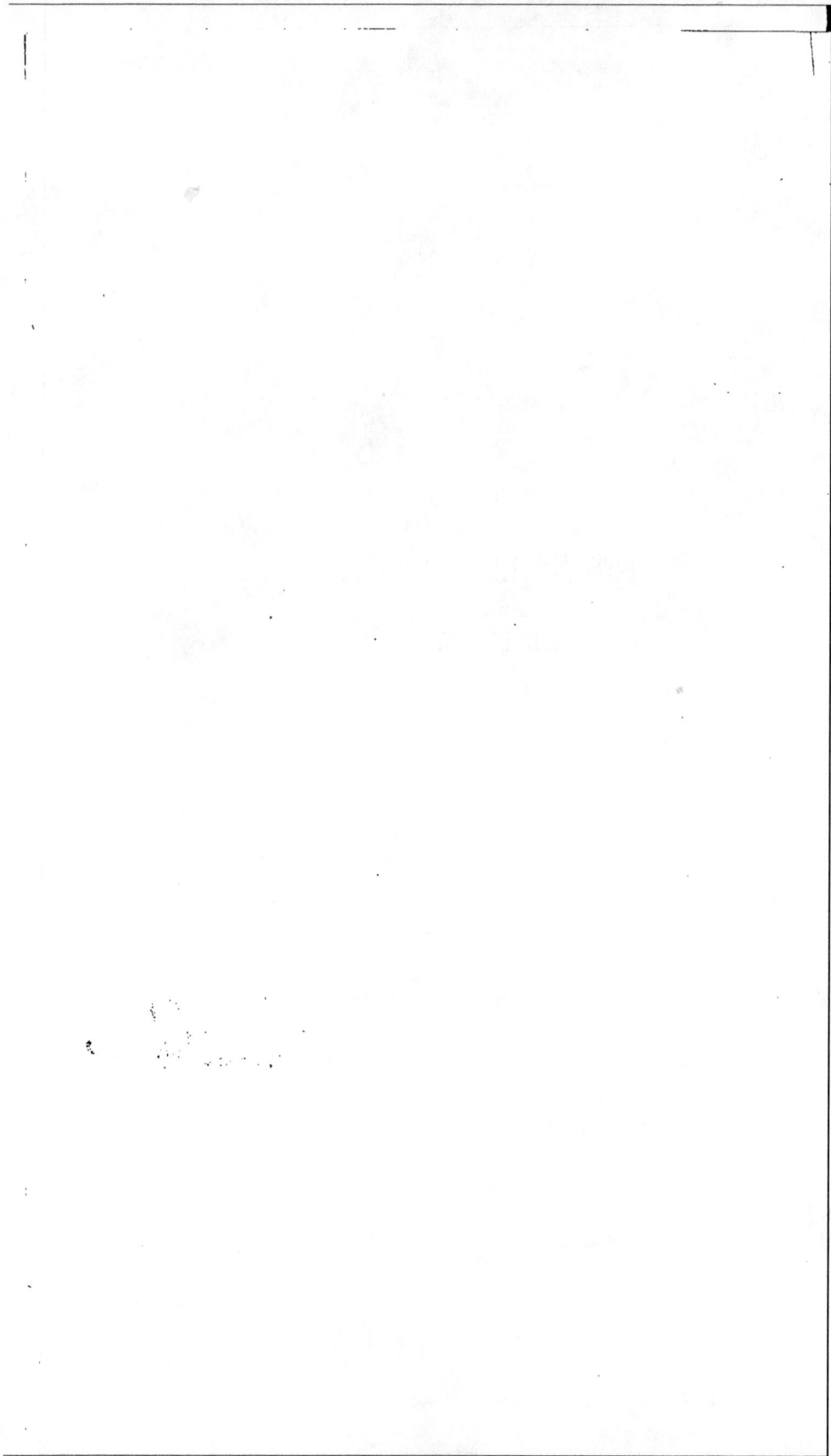

SOCIÉTÉ CENTRALE D'AGRICULTURE DE FRANCE.

LES
FORÊTS ET LES PATURAGES

DU

COMTÉ DE NICE

PAR

M. Léonide GUIOT,

Inspecteur des forêts, ancien élève de l'Ecole forestière,
membre de plusieurs Sociétés savantes,

MÉMOIRE AYANT REÇU UNE MÉDAILLE D'OR DE LA SOCIÉTÉ CENTRALE
D'AGRICULTURE DE FRANCE,
DANS LA SÉANCE SOLENNELLE DU 13 DÉCEMBRE 1874.

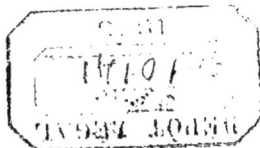

PARIS,
IMPRIMERIE ET LIBRAIRIE D'AGRICULTURE ET D'HORTICULTURE
DE Mme Ve BOUCHARD-HUZARD,
RUE DE L'ÉPERON, 5.
—
1875

RAPPORT

FAIT, AU NOM DE LA SECTION DE SILVICULTURE,

PAR M. DES CARS,

SUR UN MÉMOIRE AYANT POUR TITRE

LES FORÊTS ET PATURAGES DU COMTÉ DE NICE,

PAR M. Léonide GUIOT,

inspecteur des forêts, à Tours.

———

Messieurs, vous avez chargé votre Section de silviculture de vous rendre compte d'un volumineux manuscrit de M. Léonide Guiot, inspecteur des forêts, à Tours, intitulé *les Forêts et pâturages de l'ancien comté de Nice.* M. Guiot vient de passer huit ans, en qualité d'inspecteur des forêts, dans cette contrée récemment annexée à la France ; son travail, très-intéressant, quelquefois ardu, dénote des recherches consciencieuses, un esprit d'observation soutenu, et nous rend compte de résultats fort importants, eu égard à la lumière qu'ils jettent sur l'avenir.

L'auteur nous fait pénétrer au milieu d'intéressantes populations pastorales organisées d'une façon primitive et touchante, mais exploitées, il faut le dire, sous le régime précédent, par une sorte de féodalité municipale dont la tolérance favorisait de nombreux abus que notre administration forestière a déjà fait disparaître, en partie du moins. — Il est bon

✻

de remarquer que l'État ne possède pas de forêts dans cette contrée ; celles auxquelles ce travail est consacré appartiennent aux communes et sont, par conséquent, aux termes de notre législation, soumises au régime forestier.

A défaut de cadastre, M. Guiot a dû se contenter de calculs statistiques approximatifs ; il a puisé aux meilleures sources et, notamment, aux ouvrages de Foderé et de Durante, qui ont écrit, le premier au commencement du siècle, le deuxième en 1846.

Malgré le peu d'étendue du comté de Nice, la prodigieuse différence d'altitudes qui, pour 80 kilomètres à vol d'oiseau, varient de 0 à 3,300ᵐ, donne, dans ce petit espace, toute la flore forestière et pastorale de l'Europe entière ; aussi verrons-nous, pour les reboisements, le Palmier employé à côté du Mélèze.

Le champ d'observations est donc illimité.

Le littoral qui s'étend de Nice à Menton est, assurément, une des contrées de l'Europe les plus fréquentées et les plus connues ; mais, comme les voyageurs n'y séjournent que pendant l'hiver, les excursions dans l'intérieur du pays leur sont à peu près interdites, et la plupart ne peuvent soupçonner qu'à côté de la végétation méridionale de la côte, dont la partie forestière se compose presque exclusivement de Pins maritimes, pignons ou d'Alep, et comme transition vers les glaciers qui couronnent l'horizon, les flancs des montagnent recèlent d'épaisses forêts de Pins silvestres, de Sapins, d'Épicéas, de Hêtres, de Mélèzes, qu'enfin à 60 kilomètres de Nice on trouve des vallées qui rappellent celles de la Suisse.

On peut, d'une manière approximative, évaluer à 50,000 hectares la contenance des forêts dans le comté de Nice, ce qui constitue environ le sixième de la superficie totale du pays ; les pâturages occupent quatre autres sixièmes, et un seul reste pour les terres en culture.

Au commencement du siècle, Foderé ne l'estimait qu'au vingtième, en y comprenant même les Oliviers, les Châtaigniers, les Vignes et jusqu'aux prairies naturelles. Cette proportion semble bien minime, et cependant il est impossible au voyageur de se défendre d'un sentiment d'admiration pour l'âpreté et la persistance du travail qu'il a fallu pour établir les murs de soutènement qui retiennent la terre sur les versants de ces montagnes et qui constituent, sur tout le littoral de la Provence, une série d'innombrables gradins.

Cet état de choses n'a pas pu changer sensiblement quant aux cultures propres; toutefois une transformation magique s'est opérée depuis un petit nombre d'années : les chemins de fer amènent, chaque hiver, des flots d'étrangers pour lesquels il a fallu bâtir des villas et établir des jardins merveilleux dont nos serres nous donnent à peine une idée. Ces hôtes passagers ne sauraient payer trop cher les rayons du soleil vivifiant du Midi.

L'eau, qui, autrefois, faisait entièrement défaut, a pu, dans quelques localités, être détournée à grands frais et détermine de véritables prodiges de végétation.

On doit noter encore les travaux de colmatage du Var, par suite desquels **800** hectares environ ont été rendus à la culture.

L'étendue du comté de Nice, soit au total environ 305,500 hectares, peut donc se décomposer, ainsi, en nombres ronds :

	hect.
Terrains vagues propres seulement au pâturage et prairies alpestres.	202,600
Terrains en bois presque tous aptes à la même destination.	50,000
Terrains en cultures permanentes.	25,000
Rivières, ou plutôt torrents, routes, chemins inaccessibles, lacs, glaciers.	27,900
	305,500

On voit que la question pastorale et forestière joue un rôle important dans ce beau pays.

L'auteur a partagé son travail en cinq parties, savoir :

1. Les forêts.
2. Les reboisements.
3. Les pâturages.
4. Les lois et usages.
5. Les notes et pièces justificatives.

I. — Forêts.

M. Guiot donne la description des principales forêts par régions à partir du littoral, les détails sur les essences qui les peuplent et la manière dont elles végètent dans le comté de Nice.

Il explique les procédés d'exploitation et de culture suivis autrefois, les abus du pâturage et les conséquences désastreuses des exploitations trop considérables et trop prolongées.

Le comté de Nice est un démembrement de la Provence ayant joui, pendant quatre siècles, d'une existence propre bien caractérisée, par suite du principe adopté, par les princes de Savoie, de le laisser se gouverner à peu près par lui-même et de conserver son autonomie. On peut donc apprécier les conséquences d'un système d'administration basé sur les libertés municipales.

Il faut le dire, les résultats sont déplorables.

L'auteur donne la statistique des ventes depuis plus de soixante ans, indique les améliorations introduites par son administration et signale celles qui restent à faire.

Le débit des bois, leurs qualités, les procédés de vidange des produits sont l'objet d'observations intéressantes ; enfin il énumère les produits accessoires des forêts, élagage, morts-bois, pêche, chasse, etc.

Le chapitre des coupes, où sont exposés les modes d'exploitation et de vente des coupes usités avant l'annexion, renferme des renseignements du plus haut intérêt, de nature à faire réfléchir les législateurs partisans de la liberté communale illimitée.

Cette étude contient des documents très-importants; l'auteur s'efforce de démontrer les bons résultats déjà obtenus par l'administration, et plaide énergiquement en faveur du régime forestier, qu'il considère comme le salut des pays de montagnes et comme seul compatible avec une gestion honnête et intelligente des immenses intérêts représentés par les vastes forêts communales.

II. — *Reboisements.*

Aucun reboisement n'avait été tenté avant l'annexion, les communes usaient et abusaient de leurs biens et n'étaient pas plus soucieuses du reboisement que de la conservation.

L'administration française n'a entrepris que des reboisements facultatifs et non obligatoires, ce qui a rendu les combinaisons d'ensemble plus difficiles. Une trentaine de communes consentirent à laisser tenter des reboisements sur de vastes terrains, dans le système de la loi française de 1860. — Les principaux travaux ont été exécutés de 1863 à 1867.

D'intéressants détails sont donnés sur l'emploi des nombreuses essences, tant indigènes qu'exotiques, qui ont fait l'objet de ces essais, dont le prix moyen est d'environ 250 fr. par hectare; la réussite a été médiocre, mais les observations très-judicieuses de M. Guiot peuvent être fort utiles pour ceux qui lui succéderont dans cette tâche.

Les résultats obtenus par les résineux sont supérieurs à ceux des essences feuillues et ont, sur ces derniers, l'immense avantage d'être beaucoup plus tôt défensables aux bestiaux. Nous remarquons aussi que les plantations de la région littorale ont mieux réussi que ceux de la région moyenne.

Tous les voyageurs peuvent avoir remarqué une fort belle plantation sur le mont Boron, presqu'île naguère entièrement nue qui sépare Nice de Villefranche. — Une épaisse forêt la couvrait autrefois, mais en 970 les consuls la firent détruire par le feu pour débusquer les Sarrasins auxquels elle servait de repaire.

Depuis lors, l'état de dégradation était complet.

L'administration a opéré des travaux intéressants sur environ 65 hectares, ses premiers essais ont mal réussi ; mais, aujourd'hui, les résultats sont satisfaisants, et, avant peu d'années, le mont Boron fera un magnifique parc.

Il est difficile de parler des plantations à Nice sans dire un mot de l'Eucalyptus.

On a beaucoup discuté, depuis quelques années, sur cet arbre et, comme toujours, on a exagéré ou diminué son mérite. — Nous le croyons appelé à un rôle sérieux, mais il ne peut croître partout et a certaines exigences de température, de sol et d'abri. — Sa fécondité est prodigieuse, car on a recueilli des graines fertiles sur des sujets de six à huit ans. M. Guiot mentionne ce fait que j'ai constaté pour ma part ; mais on n'a pas encore remarqué beaucoup de semis naturels.

Le meilleur mode d'éducation pour cet arbre paraît être la plantation à un an. Il est alors très-grêle et a besoin d'un tuteur que les Roseaux du pays fournissent abondamment ; plus tard, il se tire parfaitement d'affaire. Si sa tige est brisée par le vent, il s'en reforme une ou plusieurs autres, fût-ce à 1 mètre du sol, et non-seulement l'Eucalyptus peut devenir un bon élément de reboisement par lui-même, mais il peut rendre de grands services comme essence transitoire ou comme abri.

M. Guiot entre notamment dans quelques détails sur la culture du Caroubier, auquel on ne peut reprocher que la lenteur de sa croissance, néanmoins c'est un arbre tellement précieux qu'on ne saurait trop en planter. L'auteur fait remarquer la concordance de ses observations avec celles faites par M. le duc d'Ayen en Algérie, lesquelles ont trouvé, en 1873, place dans vos *Mémoires*.

L'auteur termine son chapitre des plantations par de
très-bonnes recommandations qui nous paraissent devoir
être mises à profit et assurer le succès des opérations ulté-
rieures.

III. — *Les pâturages.*

Cette question est traitée avec beaucoup de soin par
M. Guiot.

Elle est, en effet, d'une importance capitale, le parcours
des bestiaux s'exerce, dans le comté de Nice, dans les conditions les plus variées, à cause des différences excessives de
climat, nous y trouvons des pâturages pour toutes les
saisons intermédiaires sur les versants diversement orientés
ou abrités.

On y trouve aussi une grande variété de troupeaux :
vaches, moutons, chèvres; indigènes et transhumants, soit
en été, soit en hiver.

Nous trouvons d'intéressants détails sur les associations
pour l'exploitation du produit des troupeaux ou fruitières;
suivant l'altitude, l'exploitation des troupeaux est combinée
avec la culture des terres ou l'engrais direct au moyen
du parcage. — Il est vraiment curieux, comme le dit
fort bien M. Guiot, de voir comment des populations privées, pendant des siècles, de toute espèce de voies de communication et, à peu près de tout commerce extérieur,
étaient parvenues à organiser avec autant d'intelligence
leur existence agricole.

Enfin et à propos des deux communes du comté de Nice
restées italiennes, Tende et Briga, M. Guiot signale l'abus,
vraiment ruineux pour les bois et encore toléré en Italie, du
nombre des chèvres et moutons, lesquels pour les deux communes nommées et pour 8,000 habitants, ne s'élèvent pas
à moins de 64,000. Dans la partie française, ce nombre,
qui était de 120,000 au moment de l'annexion, a déjà

beaucoup diminué, ce n'est pas un des moindres résultats
de l'application de notre régime forestier.

IV. — *Lois et usages.*

La quatrième partie, traitant des lois et usages en matière
pastorale, révèle peut-être les études les plus approfondies.
L'auteur met en évidence les inconvénients du système
de la libre gestion communale auquel doivent être attribuées
des ruines irréparables.

Puis, énumérant les usages et servitudes, notamment la
question des droits de bandites, droits spéciaux au comté
de Nice, lesquels constituent la plus onéreuse des charges,
il entre dans des détails qui nous montrent que les questions les plus ardues de la jurisprudence lui sont familières.

A cette occasion, M. Guiot rappelle que ces charges,
éminemment nuisibles aux progrès de l'agriculture, ne sont
que le résultat des guerres entre la France et la Sardaigne,
et il émet le vœu qu'elles puissent être libérées par voie
de rachat.

C'est en particulier à ce chapitre que se rattachent les
pièces justificatives, à la suite desquelles se trouve une
Note intéressante sur les deux auteurs, Foderé et Durante,
auxquels M. Guiot rend hommage et dont il a eu souvent
l'occasion de citer les opinions.

En résumé, M. Guiot a traité avec conscience, talent et
compétence les questions spéciales en face desquelles son
séjour à Nice l'a placé : son travail révèle une persévérance
et une volonté qu'on ne saurait trop proposer pour exemple.
Tout en ayant soin de mettre sa personnalité à l'écart, il
signale les travaux faits et les expériences utiles pour ses
successeurs ; il a la passion du bien et celle de son administration. Nul doute qu'en Touraine il ne trouve les élé-
ments de nouvelles et fécondes études.

Un soupir qui lui échappe laisse à penser que le ciel bleu
et la mer bleue ne suffisaient pas à son bonheur, car, après

une phrase d'admiration sur un coin verdoyant de forêt, il reprend aussitôt : « La difficulté du terrain vient bien vite rappeler à la réalité le forestier qui se laisserait aller à rêver aux rivages fortunés de la Loire. »

Il est à désirer que l'ouvrage de M. Guiot soit livré à l'impression, il ne peut qu'offrir un vif intérêt et des renseignements précieux, non-seulement aux hommes du métier, mais à tous ceux qui portent intérêt aux questions agricoles.

A l'occasion de ce beau travail, la Section de silviculture a l'honneur de vous proposer de décerner à M. L. Guiot une médaille d'or à l'effigie d'Olivier de Serres et de voter l'insertion, au moins par extrait, de son Mémoire dans les *Mémoires* de la Société.

Cette proposition est adoptée.

2

LES FORÊTS ET LES PATURAGES

DU COMTÉ DE NICE.

——————

AVANT-PROPOS.

Ce travail se divise en quatre parties ou études :

1° Les forêts,
2° Les reboisements,
3° Les pâturages,
4° Les lois et usages en matière pastorale et forestière.

Il se borne au comté de Nice et ne s'étend pas à tout le département des Alpes-Maritimes. Le sujet se trouve par là plus nettement déterminé et circonscrit, car il s'agit d'une ancienne province, et non d'une simple division administrative moderne et variable.

Le comté de Nice est un démembrement de la Provence, et une foule de rapports et d'affinités existent entre les deux contrées. Il est situé comme une marche intermédiaire entre la France et l'Italie, et, bien qu'il tienne de ces deux pays à beaucoup d'égards, il a pourtant une physionomie particulière qu'on ne saurait méconnaître. Cela provient de ce qu'il a joui pendant quatre siècles, sinon de son indépendance, du moins d'une existence propre bien caractérisée, parce que les princes de la maison de Savoie, toujours habiles politiques, avaient pour principe de laisser les provinces qui composaient leurs petits Etats se gouverner à peu près elles-mêmes, et conserver leur autonomie. On peut donc apprécier, dans le comté de Nice, plus facilement que dans les autres départements montagneux et forestiers de la France, les conséquences d'un système d'administration basé sur les libertés provinciales et surtout municipales.

L'étude des questions pastorales et forestières qui existent dans le comté de Nice est difficile et compliquée parce que ce pays, bien que fort petit, contient à peu près toute la flore forestière de l'Europe, et que les diverses espèces de pâturage s'y exercent toutes dans les conditions les plus variées, enfin parce que le cadastre n'y est pas encore terminé.

Notre tâche aurait donc été très-pénible, si nous n'avions trouvé aide et secours :

1° Chez les auteurs qui se sont occupés spécialement, avant nous, des mêmes questions, en se bornant au pays même ; les plus accrédités sont Foderé et Durante (1).

2° Chez ceux qui ont traité, d'une manière générale, les questions de l'espèce relatives à l'ensemble de la chaîne des Alpes.

Nous donnons, à la fin de ces études, le nom de ces auteurs et la liste de leurs ouvrages (2).

3° Chez les hommes spéciaux habitant le pays, auxquels ces questions sont familières : leur concours affectueux et cordial ne nous a pas fait défaut ; nous ne saurions trop leur témoigner ici notre reconnaissance.

Nous nous sommes efforcé, d'ailleurs, de rendre à chacun ce qui lui appartient et de toujours indiquer les sources auxquelles nous avons puisé.

Terminons en disant que tout ce qui concerne le côté purement administratif des choses a été écarté avec soin.

Une grande réserve nous était imposée à cet égard par diverses circonstances faciles à comprendre, et aussi par le désir de ne pas fatiguer nos lecteurs de détails stériles et ingrats. On remarquera que toutes les sources auxquelles nous avons puisé ont un caractère et une origine généralement scientifiques.

En somme, nous avons tenté d'étudier avec impartialité une situation difficile et intéressante, et de

---

(1) Voir la note O à la fin du Mémoire.
(2) Voir la note N   id.   id.

proposer les solutions les plus efficaces pour améliorer le présent gravement compromis par les abus
du passé, mais nous n'avons voulu faire ni récrimi-
nations ni polémique.

Nous cherchons donc le vrai et le bien, en nous
plaçant au point de vue de l'intérêt général du pays
et de la population; rien de moins, mais rien de
plus.

Nice, le 1er janvier 1874.

INTRODUCTION. — STATISTIQUE.

———

La superficie du comté de Nice n'est point exactement connue. Il n'existait, en 1860, au moment de l'annexion, qu'un ancien cadastre que le gouvernement français avait fait faire sous le premier empire pour établir l'assiette de la contribution foncière. Ce travail est extrêmement défectueux quant aux détails, et nous avons pu y constater, surtout en ce qui concerne l'étendue des forêts, des erreurs très-considérables. Il paraît qu'il n'est pas plus exact pour le reste des biens-fonds, car on s'est occupé activement, depuis douze ans, d'établir un nouveau cadastre qui est terminé aujourd'hui dans un grand nombre de communes. Mais il faudra encore un temps assez long avant qu'il soit complétement achevé. Or ce travail, une fois fini, laissera de côté les parties de la province restées à l'Italie, parties qui sont importantes, et pour lesquelles néanmoins le gouvernement italien ne paraît point préparer la révision des anciens documents topographiques.

Les personnes qui veulent étudier les questions agricoles ou forestières intéressant l'ancien comté de Nice éprouvent donc un grand embarras; car on manque, à son égard, de tous ces renseignements statistiques précis et aussi faciles à exposer qu'à comprendre, qui sont la conséquence ordinaire de la connaissance exacte de l'étendue du sol et de la variété des cultures. Pourtant nous n'avons pas voulu nous laisser décourager par ce manque de documents qui, si nous les avions attendus, aurait reculé de plusieurs années nos études définitives, et nous nous sommes décidé à y suppléer par la connaissance générale que huit ans de séjour et de nombreuses excursions nous ont donnée du pays, et en nous appuyant sur l'autorité des écrivains qui se sont occupés, avant nous, de questions analogues.

Foderé, qui avait longtemps habité Nice et qui avait parcouru avec soin la province entière, calcule l'étendue totale du comté à environ 200 lieues carrées, ce qui ferait à peu près 3,200 kilomètres carrés, en supposant la lieue moyenne de 4 kilomètres, et 320,000 hectares. Mais il comprend dans cette étendue quelques communes dépendant autrefois de l'ancien État de Gênes, et qui faisaient partie, sous le premier empire, du département des Alpes-Maritimes.

Le baron Durante, qui connaissait encore mieux le pays, par suite de ses fonctions d'inspecteur sarde des bois et forêts, réduit cette contenance à 305,500 hectares, ce qui paraît plus vraisemblable. C'est ce chiffre que nous adoptons, d'accord en cela avec la plupart des autres auteurs.

L'étendue totale du département actuel des Alpes-Maritimes est évaluée approximativement à 383,000 hectares, dont 121,843 pour l'arrondissement de Grasse démembré de l'ancien département français du Var. Il resterait donc 261,157 hectares pour la partie du comté de Nice annexée à la France et 44,343 hectares pour celle restée à l'Italie, laquelle comprend les communes de Tende et de la Briga, qui sont immenses, et qui à elles seules ont bien 25,000 hectares de superficie. En outre, une partie du territoire de Breil et de Saorge est restée à l'Italie; et enfin l'Italie a aussi conservé, entre la frontière française et la crête des Alpes, de vastes territoires appartenant aux communes de Belvédère, Saint-Martin-Lantosque, Valdeblore, Isola, etc.

Nous retrouvons donc facilement les 44,343 hectares qui manquent.

Sur les 305,500 hectares, Durante déclare que 202,600, c'est-à-dire environ les 2/3, sont composés de terres en friche, aptes seulement à la dépaissance ! C'est indiquer d'emblée l'importance capitale de la question du pâturage pour tout le pays.

Il n'évalue l'étendue des forêts qu'à 24,300 hectares dont 20,170 appartenant aux communes et 4,130 aux particuliers; et il omet la forêt de Clans, propriété du domaine royal, qui a environ 380 hectares de superficie.

Ces derniers chiffres sont manifestement trop faibles. En effet, ils sont basés sur les déclarations faites par les communes, en exécution de la loi sarde du 1er décembre 1833 ; ces déclarations peuvent se décomposer ainsi :

Forêts appartenant aux communes restées françaises.	17,344 h. 93 a.
Forêts de Tende et de la Briga.	2,897 91
Soit au total.	20,242 h. 84 a.

ce qui est à peu près le même chiffre que celui de Durante.

Les déclarations analogues faites pour les bois particuliers portent sur 4,155h.65, ce qui est sensiblement d'accord avec le même auteur.

Mais ces chiffres doivent être au moins doublés. L'administration forestière française a procédé, en 1866 et 1867, à une reconnaissance détaillée des bois appartenant aux communes annexées qui a révélé en moins des erreurs prodigieuses; ainsi Luceram avait déclaré 180h.49 de bois, et n'en possède guère moins de 1,900 hectares; Bollène, 94h.33 pour environ 1,300 hectares, etc., etc.

Cette opération a constaté l'existence d'environ 46,213h.38 de forêts en comprenant, il est vrai, 152 hectares appartenant aux villes de Menton et de Roquebrune, qui ne faisaient pas partie de l'ancien comté de Nice. Mais cette faible addition n'est pas susceptible de modifier l'ensemble de nos appréciations.

De plus, Tende et la Briga, restées italiennes, possèdent notoirement : la première environ 7,000, la seconde 4,000 hectares de bois; donc l'étendue totale des forêts communales du comté de Nice serait de 57,213h.38.

Admettons que ces chiffres, qui sont le résultat de calculs et d'évaluations approximatives, soient exagérés et qu'une partie notable, un quart par exemple, doive être classée plutôt dans les pâturages que dans les bois proprement dits, il resterait encore plus de 40,000 hectares de forêts communales, dont les 3/4 au moins en futaies et 1/4 seulement en taillis.

Il doit y avoir également de 8 à 10,000 hectares de bois particuliers au lieu de 4,155.

On peut donc dire, d'une manière approximative et très-générale, que les forêts, dans le comté de Nice, couvrent une superficie d'environ 50,000 hectares, ce qui, eu égard à la contenance totale du pays, est à peu près le sixième, et que les pâturages occupent les quatre autres sixièmes de cette contenance.

Foderé n'a pas donné la superficie des bois et des pâturages, mais il a évalué celle des terres cultivées, ce qui peut servir de contre-vérification.

D'après son évaluation faite en 1801, l'étendue de tous les terrains à l'état de prairies naturelles ou artificielles (sans compter les prairies de montagne, qui se trouvent comprises dans les terrains propres au pâturage), de Vignes, de jardins, de terres complantées d'Oliviers, d'Orangers, de Caroubiers, de Châtaigniers et autres arbres à fruits, ou enfin cultivées en céréales, n'était, à cette époque, que de 119,778 septérées, mesure du pays qui vaut 1,407 mètres carrés; ce qui ferait 16,853 hectares sur 305,500!

Il n'existe peut-être aucune région en France où la proportion des terres cultivées de toute sorte, avec l'étendue générale du pays, soit aussi faible, car elle ne serait que 5.20 pour 100 dans le comté de Nice!

Le fait paraîtra incroyable à ceux qui ne l'ont pas parcouru; mais quand on a vu, par soi-même, ces petits champs suspendus aux flancs des montagnes, et dont la terre n'est retenue qu'au moyen de murs de soutènement en pierres sèches, péniblement construits et entretenus; quand on a pu juger combien est étroite la ceinture verdoyante qui s'étend autour des villages les plus favorisés, on croit que l'évaluation faite par Foderé, avec la sagacité et le soin qu'il mettait en toutes choses, était l'expression la plus rapprochée possible de la vérité en 1801, et le baron Durante, qui écrivait quarante-cinq ans après lui, accepte encore son chiffre de 119,778 septérées comme expression de la vérité en 1846.

Pour nous qui sommes en 1873, et qui avons eu rarement l'occasion de voir créer de nouvelles cultures en montagne, où presque tous les endroits un peu favorables sont déjà occupés par l'homme depuis longtemps, nous pensons qu'on peut également adopter d'une manière générale, à la condition, toutefois, de les augmenter un peu, les chiffres posés par Foderé, qui calcule que sur 16,853 hectares cultivés, 1,077 seulement sont en prairies naturelles ou artificielles permanentes, et 6,067 en céréales proprement dites, pouvant se prêter, par conséquent, à une culture alterne de prairies artificielles temporaires et de céréales.

Nous faisons, en outre, cette réserve que, depuis une quinzaine d'années, environ 505 hectares 49 ares ont été gagnés à la culture par les travaux de colmatage du Var. De plus, par suite de la grande amélioration survenue depuis l'annexion dans le prix de vente de tous les produits agricoles, on a cherché à cultiver la plus grande étendue possible de terrains; on peut, par conséquent, porter à environ 20,000 hectares la superficie des cultures *permanentes* de toute sorte en 1873, peut-être à 25,000; mais en ne perdant pas de vue que dans ce chiffre si restreint ne sont pas comprises les terres vagues dont on défriche de temps en temps quelque partie pour en tirer une faible récolte, et qu'on abandonne ensuite, pendant plusieurs années, au pâturage. N'y sont pas comprises davantage les prairies naturelles de la région alpestre, même celles que l'on fauche de préférence, et dont les produits sont descendus dans les plaines.

L'étendue du comté de Nice, qui est, au total, d'environ

305,500 hectares, peut donc se décomposer ainsi en nombres ronds :

Terrains vagues propres seulement au pâturage et prairies alpestres. . . . , ...	202,600 hectares.
Terrains en bois, presque tous aptes à la même destination.	50,000 —
Terrains en cultures permanentes.	25,000 —
Rivières, routes, chemins, rochers inaccessibles, lacs, glaciers, etc.	27,900 —
Total.	305,500 hectares.

On voit qu'aucun pays n'est plus essentiellement pastoral et forestier, et que pour lui les questions des troupeaux et des bois l'emportent sur toutes les autres.

Nous sommes en désaccord notable à propos des contenances ci-dessus avec l'abbé Désiré Niel, auteur d'un traité d'agriculture des Etats sardes, publié en 1856 à Turin. Il dit pourtant qu'il a résumé les documents possédés par le gouvernement piémontais en attendant un cadastre exact, assertion qu'il ne nous est pas permis de contrôler.

D'après lui, pour une superficie de **305,453** hectares, le comté de Nice contiendrait :

1° En pâturages.	177,572 hectares.
2° En bois divers.	28,204 —
3° En rochers, ruisseaux et surfaces incultes.	21,549 —
4° En prairies de toute sorte.	34,976 —
5° En terres de diverses cultures.	43,152 —
Total.	305,453 hectares.

Il y a, dans cette manière de calculer, sinon des erreurs, du moins une confusion incontestable. Il suffit, en effet, d'avoir parcouru le pays pour être certain que les 34,976 hectares de prairies n'existent nulle part, à moins d'y englober la totalité des meilleurs pâturages alpestres, qu'on pourrait faucher à la rigueur, mais dont la plupart sont affectés au parcours.

De même les **43,152** hectares de terres en culture ne

peuvent se retrouver qu'à la condition d'y comprendre les terrains vagues habituellement livrés au parcours et qui, cultivés temporairement, donnent, chaque 4 à 5 ans, de faibles récoltes.

Nous ferons remarquer, à ce propos, que ce genre de culture, qui était fort en usage autrefois dans les montagnes pastorales du comté de Nice, tend à disparaître au fur et à mesure que la main-d'œuvre atteint des prix plus élevés et que ces travaux pénibles sont devenus moins rémunérateurs.

Sans doute, les documents consultés par M. Niel et publiés en 1856 remontent au commencement de ce siècle, et n'ont pas été contrôlés avec l'intelligence que Foderé a portée dans l'étude de ces questions.

On voit combien il est difficile de faire de la statistique avec des documents aussi incomplets et aussi contradictoires.

Pourtant nous croyons pouvoir résumer approximativement la question, en disant que les pâturages contiennent les quatre sixièmes et les bois un sixième de la superficie du comté de Nice, de sorte que nos études portent sur les cinq sixièmes de la province, et ont un caractère d'intérêt général incontestable.

15 mars 1873.

PREMIÈRE ÉTUDE.

LES FORÊTS.

CHAPITRE PREMIER.

Considérations générales.

La partie du comté de Nice annexée à la France forme deux des arrondissements du département des Alpes-Maritimes, celui de Nice et celui de Puget-Théniers.

Menton et Roquebrune, cédés par le prince de Monaco, ont été rattachés à l'arrondissement de Nice.

L'arrondissement de Puget-Théniers renferme la plus grande étendue de forêts, mais celles de l'arrondissement de Nice sont plus faciles à aborder, le commerce des bois y est plus actif, la valeur vénale des produits forestiers y est plus importante.

De plus, la totalité des reboisements effectués jusqu'à ce jour a été concentrée dans l'arrondissement de Nice.

Ces diverses circonstances nous feront donc citer plus fréquemment, comme exemples, les forêts de ce dernier arrondissement, lequel comprend d'ailleurs, à lui seul, les quatre zones ou régions qui divisent les Alpes tout entières, savoir : la région méditerranéenne, la région moyenne, la région alpestre et la région alpine.

La *région méditerranéenne* est caractérisée dans le comté de Nice par l'Olivier, le Pin d'Alep et le Pin-pignon. Le

Chêne-liége y est fort rare. Elle s'étend de zéro à 700 mètres d'altitude. Elle comprend une sous-région chaude et d'ailleurs fort restreinte où le Caroubier et le Figuier de Barbarie sont les espèces significatives.

En remontant vers le nord et en franchissant les unes après les autres la série de montagnes de plus en plus élevées dont le pays se compose presque exclusivement, on abandonne au bout de quelques kilomètres la *région méditerranéenne* pour entrer dans la *région moyenne* qui s'étend de 700 à 1,200 mètres d'altitude environ, et dans laquelle croissent plus particulièrement le Chêne vert, le Pin silvestre, le Pin maritime, le Chêne-rouvre et le Châtaignier.

De 1,200 à 1,800 mètres, on se trouve dans la *région alpestre*, caractérisée par le Hêtre, le Sapin, l'Épicéa et aussi par le Pin silvestre. Cette dernière essence y constitue de grands massifs, tandis qu'elle n'a qu'une importance moindre dans la région précédente, où pourtant on la rencontre souvent.

Enfin, de 1,800 à 2,300 mètres on atteint la *région alpine*, au-dessus de laquelle la végétation forestière cesse, pour faire place à la région complétement *pastorale* qui s'étend presque jusqu'au sommet des Alpes, lesquelles, dans le comté de Nice, ne dépassent guère 3,000 mètres de hauteur. (Clapier 3,046, Mercantour 3,167, etc.)

Cette région est caractérisée par le Mélèze, le Pin à crochet et le Pin cembro.

Pour notre compte personnel, les points les plus élevés où nous ayons constaté l'existence de la végétation forestière sont le col de Férisson, entre Saint-Martin-Lantosque et Belvédère, col dont l'altitude est de 2,264 mètres, et le voisinage du col de la Frema-Morta dont l'altitude est de 2,510 mètres. La végétation atteint, auprès de ce dernier col, jusqu'à environ 2,350 mètres.

Remarquons qu'au-dessus de 2,000 mètres on trouve peu de forêts proprement dites. Les bois sont mélangés avec les pâturages et se confondent avec eux; c'est déjà la vraie région pastorale, laquelle s'étend, en réalité, dans le comté de Nice, de 2,000 à 3,000 mètres d'altitude.

Ce simple exposé a pour but non de décrire le pays, mais de rappeler succinctement sa constitution générale.

La division en régions, si habilement exposée dans le remarquable ouvrage publié par M. Mathieu en **1865** sur le reboisement et le regazonnement des Alpes, est parfaitement applicable aux Alpes-Maritimes, bien qu'elle soit tracée en vue de la chaîne générale de ces montagnes.

Pourtant, si le comté de Nice présente, à lui seul, ces quatre régions bien complètes et bien tranchées, on y trouve quelques variations en ce qui concerne la station des essences; mais ces variations ne font que confirmer elles-mêmes les règles générales posées dans l'ouvrage ci-dessus.

Le pays est caractérisé par sa nature et son aspect essentiellement montagneux. Les plaines sont très-rares et très-peu étendues; les vallées sont étroites et profondes.

Les terrains sont, en majorité, des roches calcaires; on rencontre aussi les schistes marneux, et les grès se montrent de temps en temps. Les roches granitiques sont limitées aux parties supérieures de la principale chaîne des Alpes.

L'Etat ne possède qu'une seule forêt, celle de Clans, d'une contenance de **380**h.**55**; mais les particuliers sont propriétaires de 8 à **10,000** hectares de terrains boisés sur environ **50,000** hectares qui constituent la propriété forestière. Cependant, comme leurs bois ne forment pas de massifs importants par leurs produits ou par les essences qui les peuplent, on peut établir d'une manière générale que, dans le comté de Nice, les vraies forêts sont entre les mains des communes.

Nous nous abstiendrons d'entrer dans des détails sur la géologie et la minéralogie du pays, et de décrire sa flore si variée et si caractéristique; nous renvoyons aux ouvrages spéciaux assez nombreux qui traitent ces matières.

D'ailleurs, la constitution générale des Alpes françaises est bien connue et celle des Alpes-Maritimes est la même

dans son ensemble. Elle n'en diffère que par une température habituellement plus élevée, par une sécheresse plus
grande et plus fréquente. Les hivers sont très-rigoureux
dans les hautes régions, mais ils durent moins longtemps.
Les neiges viennent habituellement plus tard et fondent
plus vite. La végétation est donc très-puissante et plus pro-
longée que dans les Alpes du nord de la grande chaîne.

Enfin, bien que l'altitude des montagnes soit moins
grande, leur aspect est encore plus tourmenté, plus abrupt,
plus déchiré que dans le surplus de la chaîne alpestre.

Le voyageur qui vient passer seulement quelques mois
d'hiver à Nice, et qui borne ses excursions au littoral, ne
peut guère juger de l'aspect général du pays sous le rapport forestier.

La première impression qu'il éprouve d'ordinaire est
que les environs de Nice se composent exclusivement de
montagnes déboisées dans les vallées desquelles on rencontre seulement, de temps en temps, quelques débris
d'une végétation forestière maigre et rare, débris consis-
tant en quelques petits bois de Pins d'Alep, de Pins maritimes et de Chênes verts.

Ce serait une grande erreur que de s'en tenir à cette
première impression. Le surplus de la province renferme
des forêts non-seulement fort étendues, mais encore fort
importantes, peuplées des meilleures essences, produisant
un grand revenu et susceptibles d'améliorations faciles et
fructueuses.

Ces forêts sont, pour la plupart, traitées en futaie. Celles
traitées en taillis n'ont pas d'importance, bien qu'elles aient
une certaine étendue.

Les taillis sous futaie ne se rencontrent nulle part.

Les taillis du comté de Nice sont peuplés principalement
de Chênes verts, de Chênes-rouvres (appelés Chênes blancs
dans le pays), de Coudriers, de Charmes, etc.

Leur exploitation se fait très-irrégulièrement et se borne
ordinairement au recepage des cépées abrouties. Les pro-

3

duits sont très-peu importants et servent exclusivement au chauffage et à la litière.

L'abus du pâturage porte aux taillis un très-grand préjudice et y rend toute amélioration impossible, au moins en ce qui concerne ceux possédés par les particuliers, ou ceux assez nombreux laissés à la libre jouissance des communes propriétaires.

CHAPITRE II.

Principales forêts du comté de Nice.

Nous serions obligé de consacrer beaucoup trop de temps à notre sujet si nous voulions donner la description, même très-abrégée, des forêts du comté de Nice. Nous avions commencé ce travail et nous avons dû y renoncer.

Nous nous contenterons donc de désigner les principales forêts du pays en accompagnant leurs noms de quelques renseignements statistiques très-courts.

1° Forêts de l'arrondissement de Nice.

Dans la région méditerranéenne. — Les forêts de Menton, Peillon, Eze, la Turbie, etc., peu étendues, peu importantes, sont peuplées de Pin d'Alep, de Pin maritime et de Chêne vert.

Dans la région moyenne. — Les forêts de Codraze, Lérens, l'Escarène, Peille, Luceram, etc., forment d'importants massifs de 250 à 2,000 hectares.

Essences principales : le Pin maritime, le Chêne vert, le Pin silvestre, le Hêtre et le Chêne blanc.

Dans la région alpestre. — Les forêts de Sospel, Moulinet, Breil et Saorge. Leur étendue varie de 500 à 3,000 hectares. Celles de Saorge contiennent encore des ressources considérables, surtout dans le vaste canton ou forêt de Cairos, dont l'étendue est de 1,156 hectares.

Il y a aussi, à Moulinet, de très-belles parties.

Remarquons qu'une partie des forêts de Breil et de Saorge est située sur le territoire italien.

Les forêts de Bollène, Lantosque et Roquebillère contenant toutes trois de fort beaux massifs peuplés de Sapins, Epicéas et Hêtres, et dont l'étendue varie de 500 à 1,000 hectares.

Dans la région alpine. — Les forêts de Saint-Martin-Lantosque, d'une contenance de plus de 2,000 hectares ; peuplées des meilleures essences, Pin silvestre, Sapin, Epicéa, Mélèze, Pin cembro, etc.

Ces forêts contiennent encore de grandes ressources exploitables ; on y trouve des arbres des plus belles dimensions; leur sol est fort bon et la végétation puissante.

Les forêts de Belvédère, d'Utelle et de Venanson, d'une étendue de 500 à 1,000 hectares. — Mêmes essences.

Une partie notable des forêts de Belvédère et de Saint-Martin-Lantosque est située sur le territoire italien.

2° FORÊTS DE L'ARRONDISSEMENT DE PUGET-THÉNIERS.

Ces forêts appartiennent généralement aux régions alpestre et alpine ; leurs essences sont celles dont nous avons parlé pour les forêts des mêmes régions situées dans l'arrondissement de Nice.

Les principales sont celles de Baïrols, Beuil, Clans, Isola, Illonze, Lieuche, la Tour, Massoins, Rimplas, Roure, Saint-Etienne, Saint-Dalmas-le-Sauvage, Saint-Sauveur, Valdeblore, Villars, etc.

Elles sont très-étendues, et leur superficie atteint parfois plusieurs milliers d'hectares.

Une partie de celles appartenant aux communes de Valdeblore, Saint-Sauveur et Isola est située sur le territoire italien.

Cette circonstance, que nous venons de signaler plusieurs fois, est fort étrange. Il est, en effet, bien extraordinaire d'avoir attribué à la France les communes rurales de l'ancien comté de Nice et d'avoir partagé le territoire de ces communes de façon qu'une partie fût affectée à l'Italie. C'est pourtant ce qu'a fait le traité international du 31 mars 1861, dans lequel les parties contractantes paraissent avoir tout sacrifié pour assurer à l'Italie la pleine et entière possession des passages et des principaux cols des Alpes, ainsi que celle des positions qui les dominent. Nous devons reconnaître pourtant que ce même traité a laissé à la population frontière de grandes facilités pour l'exploitation des immeubles de toute sorte séparés ainsi du comté de Nice et que, spécialement, en ce qui concerne les forêts des communes, il a été stipulé que leur gestion serait confiée à l'administration forestière française qui a reçu les pouvoirs nécessaires.

Ce sont donc les agents de cette administration qui surveillent, vendent, dirigent et exploitent les bois communaux fort étendus, qui se trouvent dans cette singulière position.

3° Forêts de Tende et de la Briga.

Ici le cas est plus simple : l'Italie a gardé ces deux communes tout entières pour s'assurer la conservation de positions stratégiques de la plus haute importance, notamment du col de Tende par lequel on débouche sur Turin.

Les communes de Tende et de la Briga possèdent, assure-t-on, la première 7,000 et la seconde 4,000 hectares de bois, tous situés dans les régions alpestre ou alpine et peuplés des meilleures essences résineuses.

Elles ont une importance pastorale encore plus grande.

La perte de ces deux riches communes est pour le comté de Nice un véritable malheur.

CHAPITRE III.

Observations spéciales aux essences.

Il est utile de comparer la manière dont se comportent les essences principales et secondaires dans les forêts du comté de Nice avec celle dont elles se comportent dans le surplus des Alpes françaises.

1° ESSENCES SECONDAIRES, MORTS-BOIS, ETC.

On rencontre, dans les quatre régions des Alpes-Maritimes, à peu près toute la flore forestière de la France et de l'Europe. Le nombre des essences accessoires y poussant spontanément est si considérable, depuis le Myrte jusqu'au Rhododendron, et depuis le Lentisque jusqu'à l'Aune vert, que nous n'en ferons pas la nomenclature.

Remarquons que les Myrtilles sont très-abondants dans les forêts de Luceram, Bollène, Belvédère, Saint-Martin–Lantosque, Roquebillère, etc., c'est-à-dire dans plusieurs forêts des régions alpestre et alpine.

Les Bruyères, si communes et si grandes dans les montagnes de l'Estérel (Var), sont, au contraire, assez rares dans beaucoup de forêts. On en trouve pourtant dans celles de Berre, de Lantosque, de Luceram, etc.

Les Fougères sont également rares, sauf dans les forêts ci-dessus.

Ces faits tiennent évidemment à la nature du sol.

Le Framboisier est très-commun ; il peuple parfois à lui seul des clairières considérables. La récolte de son fruit est, dans ce cas, l'objet d'adjudications spéciales.

On trouve le Houx dans les bois de Luceram, de Saorge, de la Bollène, de l'Escarène, etc.

Le Buis est répandu partout, surtout à Saorge, à Venanson, à la Bollène, etc. Ses racines, dont on permet l'extraction dans certains cas, font l'objet d'un petit commerce.

Le Cytise, dont le bois est très-dur et sert à faire des colliers pour les bestiaux, est très-abondant à Venanson, Roquebillère, Saint-Martin-Lantosque, etc.

Le Coudrier couvre des espaces immenses, jadis occupés par des forêts peuplées des meilleures essences et détruites par les abus de toute sorte. On a dû distraire du régime forestier et, par conséquent, livrer à la dent meurtrière des chèvres une grande quantité de cantons où il ne reste plus que des Coudriers. C'est fort regrettable, car les terrains qui en sont garnis et qui peuvent être préservés de ce pâturage ruineux se repeuplent naturellement de bonnes essences avec une extrême facilité, et des travaux peu coûteux suffiraient pour y rétablir une végétation forestière complétement satisfaisante.

Nous n'avons rien à dire de particulier sur le Genévrier, le Merisier, le Sorbier, etc., dont la station dans les Alpes-Maritimes ne nous paraît pas mériter une mention spéciale, et nous terminerons par le Rhododendron, arbrisseau bien connu de tous ceux qui ont visité les hautes montagnes, et qui occupe des espaces très-étendus dans la partie intermédiaire entre l'extrême région alpestre et la région alpine. C'est un magnifique spectacle que de voir se dérouler devant soi ces beaux tapis de fleurs rouges formant des taches splendides au milieu des verts gazons des Alpes!

2° ESSENCES FEUILLUES.

Les feuillus sont peu importants dans le comté de Nice ; ils forment assez rarement des massifs séparés qui aient un certain intérêt au point de vue forestier ; le plus souvent ils sont mélangés avec les résineux.

Le *Chêne vert* et le *Chêne-rouvre* se rencontrent partout dans la région moyenne et dans la région méditerranéenne.

Ils sont utiles, mais ne constituent que des bois d'une importance secondaire, et jamais de haute futaie ; au contraire, le Chêne-liége ne se voit que rarement. La nature calcaire du sol lui est contraire.

Le Charme, le Tilleul, les Érables méritent d'être mentionnés.

Le Charme constitue parfois l'essence dominante dans quelques taillis ; mais il n'en est pas de même des deux autres. Ils n'ont de remarquable que les énormes dimensions auxquelles ils peuvent parvenir dans les sols qui leur plaisent. La variété connue sous le nom de Charme-houblon se rencontre fréquemment.

Le Hêtre a beaucoup plus d'importance ; il forme à lui seul quelques beaux massifs et se trouve quelquefois mélangé avec le Sapin et l'Épicéa. Sa croissance est très-belle ; mais, en somme, il n'est pas très-répandu. Ses produits, peu recherchés jusqu'à ce jour, sont peut-être appelés à acquérir bientôt une grande valeur, par suite de l'emploi de son bois dans la fabrication du papier, emploi qui se généralise, dit-on, en Italie.

Le mélange des diverses essences feuillues avec les résineuses améliore beaucoup le sol et favorise singulièrement la puissance de la végétation ; mais, comme on le voit, nous avons peu de choses à dire de particulier sur le compte des premières.

3° ESSENCES RÉSINEUSES.

Pin d'Alep. — Le Pin d'Alep se trouve, dans sa station normale, au milieu des coteaux du littoral et sur les premières montagnes des Alpes-Maritimes.

Les qualités de son bois sont médiocres et ses produits ont une faible valeur.

Il vit souvent en mélange avec le Pin maritime, et souvent aussi dans son voisinage. Dans ce dernier cas, il arrive fréquemment que le repeuplement, quand on fait la coupe définitive, est tout autre qu'on n'aurait dû le croire ; ainsi, quand cette coupe définitive porte sur des Pins d'Alep, les jeunes semis sont des Pins maritimes, et réciproquement. Nous avons constaté plusieurs faits de ce genre, sans pouvoir nous en rendre un compte satisfaisant.

Pin maritime. — Nous avons également fait la même remarque en ce qui concerne des cantons voisins peuplés de Pins silvestres et de Pins maritimes.

Notons que le Pin maritime s'élève jusqu'à une altitude d'environ 1,000 mètres dans les expositions qui lui conviennent ; mais il redoute le froid. On ne le résine pas, et il acquiert d'assez belles dimensions. Ses produits sont peu importants.

Pin silvestre. — Cette essence est une des plus importantes de tout le comté de Nice ; elle y constitue la base, ou une notable partie, de nombreux peuplements dans la vraie région forestière.

Partout où les abus du pâturage n'ont pas gêné son essor pendant sa jeunesse, partout où les abus de l'élagage ne l'ont pas arrêté pendant son âge moyen, partout où le sol n'est pas absolument mauvais, il acquiert promptement de très-belles dimensions ; sa croissance est rapide et régulière ; il constitue, en un mot, de fort beaux arbres, atteignant souvent de 20 à 25 mètres de hauteur avec un fût droit, et 2 mètres de circonférence à 1^m.50 du sol.

Aussi donne-t-il des produits très-considérables et d'une grande valeur.

Il atteint une altitude très-élevée ; il commence à paraître dans la partie supérieure de la région moyenne ; il occupe toute la région alpestre, et on le trouve très-bien venant à Manoïnas (1,800 mètres d'altitude), près de la Madone de Fenestras (à 2,000 mètres), à Salèzes (2,000 mètres), etc., c'est-à-dire dans la région alpine elle-même.

Sa régénération est assez facile, pourvu que les coupes soient claires et que le pâturage soit supprimé, pourvu aussi que des massifs de Sapin ne soient pas trop rapprochés ; autrement il arrive qu'à la coupe définitive cette dernière essence aura envahi le sol.

Nous avons parlé des dimensions que le Pin silvestre acquiert fréquemment dans les Alpes-Maritimes ; il arrive parfois à des proportions encore plus belles, notamment dans la forêt de Salèzes, commune de Saint-Martin-Lantosque.

En général, à 70 ans, il a plus de 1 mètre de circonférence, et, à partir de 80 ans, on peut le couper avec avantage, selon les cas.

Sa faculté de pousser dans les mauvais sols et aux expositions les plus défavorables en fait un des arbres les plus précieux du pays.

Pin mugho. — Cette essence, peu intéressante en elle-même, existe en petite quantité dans certains cantons de forêts à de grandes altitudes, à 2,000 mètres par exemple, comme à Salèzes.

Elle y est bien caractérisée et exige un sol frais et profond.

Pin à crochet. — Il se distingue du Pin silvestre par des caractères bien prononcés (port, feuillage, couleur de l'écorce, forme des cônes, etc.). Cette essence est précieuse, car elle croît à de grandes altitudes. Sa station dans le comté de Nice varie de 1,500 à 2,000 mètres. Elle s'y trouve donc à la partie supérieure de la région alpestre et à la partie inférieure de la région alpine. Son mélange avec le Pin silvestre n'est pas ordinaire. Quand ils se rencontrent à la même altitude, ce dernier occupe de préférence les versants sud et ouest, tandis que le Pin à crochet se plaît davantage aux versants nord et est.

On le trouve rarement à l'état de massifs complets, et ces massifs sont peu étendus. Sauf dans les forêts de Saint-Martin-Lantosque et dans quelques-unes du voisinage, il se montre plutôt à l'état isolé. En somme, il est assez rare.

Pin cembro. — Cette essence était beaucoup plus répandue autrefois dans le comté de Nice qu'aujourd'hui ; des

espaces immenses convertis en pâturages et entièrement
dépourvus d'arbres s'étendent au-dessus des forêts de la
région alpine, lesquelles ne s'élèvent guère, ainsi que nous
l'avons dit, au delà de **2,300** mètres d'altitude.

Dans ces vastes solitudes pastorales on retrouve pourtant
encore de nombreuses souches de Pins cembros et de
Mélèzes, qui prouvent que la végétation forestière s'élevait
jadis beaucoup plus haut et atteignait jusqu'à **2,500** ou
2,600 mètres environ.

Ce déboisement des plateaux supérieurs explique comment cet arbre est assez rare, sauf à de très-grandes
altitudes ; mais alors les forêts elles-mêmes deviennent rares
et clair-semées, et notre appréciation doit être maintenue.

La régénération du Pin cembro se fait difficilement ; des
bandes d'oiseaux et d'écureuils dévorent ses graines au
moment de leur maturité, et le pâturage d'été porte un
préjudice notable aux jeunes semis qui sont fort rares. Cet
arbre est connu sous le nom d'Arole dans les Alpes suisses,
où on le rencontre fréquemment près de la région des
neiges.

Il est à remarquer que les jeunes plants du Cembro ne
croissent qu'à l'ombre et redoutent le soleil. Aussi les sujets
isolés ne se reproduisent pas, tandis qu'au contraire on
voit souvent, autour de Mélèzes isolés, des jeunes plants
très-vigoureux.

Le Cembro atteint des dimensions assez considérables,
telles que 1^m.50 à 2 mètres de circonférence à 1^m.30 du sol.
Mais il ne paraît pas dépasser 15 à 18 mètres de hauteur, ce
qui s'explique facilement, eu égard à sa station si élevée.

Ses branches poussent verticalement avec une grande
vigueur.

Par suite des conditions de régénération spéciales au
Cembro et au Mélèze, on peut constater que, vers la limite
de la région pastorale, les derniers arbres isolés sont des
Mélèzes, tandis que les derniers petits massifs sont des
Cembros.

Le *Mélèze*. — On ne résine pas le Mélèze dans le comté de Nice ; quelques essais faits, il y a vingt-cinq à trente ans, ont été abandonnés par suite de la faiblesse des produits, de la trop grande dépense de la main-d'œuvre et à cause de la valeur, déjà grande, des pièces de charpente qu'il produit. Il est encore abondant dans les régions alpine et alpestre, pourtant sa régénération se fait souvent très-mal. Il occupe, en effet, les sols les plus aptes à produire de beaux pâturages, de beaux gazons, et les réclamations incessantes des habitants font qu'on leur laisse la faculté d'y faire pacager leurs bestiaux et d'y couper l'herbe à la faux. Les Mélèzes qui occupent ces prairies tendent donc à disparaître. Il n'en est pas de même de ceux qui sont mélangés avec d'autres essences ou qui occupent des terrains ordinaires : le repeuplement s'y fait dans de meilleures conditions. Cette essence ne disparaîtra donc pas complétement des forêts du comté de Nice.

C'est fort heureux, car on connaît ses précieuses qualités ; le Mélèze acquiert des dimensions considérables ; 2, 3, 4 mètres de circonférence à 1^m.30 du sol, et 30 mètres de hauteur, ne sont pas chose rare. Il lui faut de 100 à 120 ans pour arriver à sa maturité. A 90 ans, on peut pourtant le couper ; mais les sujets n'ont guère alors que 1^m.40 de circonférence et de 20 à 25 mètres de hauteur.

Cette belle végétation est arrêtée parfois par des maladies ; la teigne du Mélèze, qui a été décrite par M. Marchand (1), a occasionné de grands ravages en 1867 et 1868 dans les forêts du comté de Nice. Après avoir disparu pendant deux ans, elle s'est montrée de nouveau dans des cantons qui avaient été épargnés d'abord. La séve d'août répare le mal jusqu'à un certain point ; mais il n'en résulte pas moins un grand retard dans la production ligneuse, et un affaiblissement notable chez les sujets malades.

Le bois de Mélèze a une qualité inférieure quand il est

(1) Mission forestière en Autriche, par M. L. Marchand.

produit par des sols humides. L'excès de la résine le porte, sans doute, alors à s'échauffer ; de plus, on remarque que, dans les sols qui lui conviennent bien, la qualité va croissant, à mesure que les stations qu'il occupe sont plus élevées, et surtout plus froides.

Ainsi le Mélèze des forêts de Tende, qui touchent presque aux Apennins, est inférieur à celui de Saint-Martin-Lantosque, lequel est moins estimé que celui de Valdeblore, dont les forêts sont dans la partie tout à fait supérieure des Alpes-Maritimes.

Dans les sols secs et pierreux, le bois est rouge et de qualité parfaite ; dans les sols humides, il est blanc et mou. Pourtant il n'y a dans le comté de Nice qu'une seule espèce de Mélèze.

L'époque de la dissémination de la graine est en hiver ; on la recueille souvent sur la neige glacée, où elle ne pénètre pas. Il paraît que les cônes s'ouvrent sous l'influence d'un froid très-vif. Beaucoup de graines sont vaines.

Le *Sapin commun.* — Du Mélèze nous redescendrons au Sapin commun qui se tient à côté et immédiatement au-dessous de lui. Il atteint, dans les Alpes-Maritimes, des dimensions aussi belles que dans les contrées qui lui sont le plus favorables. 3, 4, 5 mètres de circonférence à la base et 25 à 30 mètres de hauteur sont des dimensions assez ordinaires chez cet arbre à l'âge de 120 à 130 ans. Sa croissance est tellement rapide, qu'on pourrait le couper à 80 et 90 ans, âges auxquels il a des qualités marchandes suffisantes ; même à 70 ans, il serait presque exploitable dans les bons sols.

On le rencontre généralement mélangé avec l'Épicéa, le Hêtre, les divers feuillus par nous mentionnés, et enfin avec le Mélèze et le Pin silvestre. Il est envahissant, et partout ses jeunes semis se montrent désireux d'occuper le sol.

La qualité de son bois est inférieure à celle de l'Épicéa,

les nœuds qu'on y trouve ont une dureté extrême et sont redoutés par les ouvriers menuisiers du pays.

La puissance de la végétation du Sapin dans les bons sols est extraordinaire. Nous avons vu, au Bois-Noir de Breil, un Sapin qui avait été mutilé il y a au moins 50 ans, et dont l'énorme tronc, de 6 mètres de circonférence, ne s'élevait plus qu'à 3 ou 4 mètres au-dessus du sol. Sur ce tronc, qu'on peut comparer à un têtard monstrueux, avaient poussé dix branches, dont chacune constituait un arbre véritable. On aurait pu faire des planches avec chacune d'elles. Tout était écrasé à l'entour par cet énorme végétal.

Nous avons vu, dans la même forêt, dont le sol est si riche, un Sapin renversé de 1^m.40 de circonférence, un vrai chablis, ne tenant plus que par une vieille racine à la terre, sur lequel deux branches poussant verticalement avaient donné naissance à deux jeunes sujets qui mesuraient déjà 80 centimètres de circonférence chacun, avec 14 mètres de hauteur moyenne, et dont la végétation était magnifique.

Enfin, toujours dans le même bois, sur une grosse branche partant assez près du pied d'un Sapin, de 3 mètres de circonférence, coupé depuis longtemps, à 4 mètres environ au-dessus du sol, nous avons mesuré un jeune rejet qui avait déjà 80 centimètres de circonférence et qui s'élançait hardiment à la recherche de l'air et de la lumière. Des faits analogues pourraient être cités dans d'autres forêts.

L'*Épicéa.* — L'Épicéa se rencontre presque aussi souvent que le Sapin, parfois en mélange avec lui, ou avec d'autres essences, parfois aussi en massifs isolés. Sa station est plus élevée que la station moyenne du Sapin.

Sa végétation est peut-être encore plus puissante, mais elle est plus réglée, moins extraordinaire. Les sujets de 30 à 35 mètres de hauteur et de 2 à 5 mètres de circonférence ne sont pas rares à l'âge de 120 à 130 ans.

Rappelons que l'un des arbres les plus élevés et les plus beaux que nous ayons mesurés dans ce pays est un Épicéa de la forêt de Salèzes. Il avait 40 mètres de hauteur et 6 mètres de circonférence à la base.

A 80 ou 90 ans, l'Épicéa est mûr et très-exploitable; même à 70 ans, ses dimensions sont belles.

Les Épicéas de 55 à 60 ans ont déjà, dans les bons sols, de 1ᵐ.20 à 1ᵐ.30 de circonférence et 20 mètres de hauteur. Ils viennent donc au moins aussi bien que les Sapins dans les Alpes-Maritimes.

Cette essence est pourtant sujette à des maladies très-graves; on voit parfois, à la suite d'exploitations qui les isolent, la vigueur de leur végétation diminuer rapidement: alors des insectes se développent entre le bois et l'écorce, et c'est par centaines que les sujets malades périssent. Si, au contraire, les coupes sont combinées de manière à soutenir la vigueur de la végétation, ce danger peut être évité.

CHAPITRE IV.

Situation générale des forêts dans le comté de Nice.

1° EXPOSÉ.

Les principales remarques à faire sur la situation actuelle des forêts du comté de Nice sont les suivantes :

1° La plupart renferment peu de bois exploitables, principalement en essences résineuses ;

2° De nombreux vides et des vagues considérables s'y rencontrent presque partout ;

3° Sur un grand nombre de points, les semis naturels font absolument défaut ;

4° On y trouve une quantité d'arbres isolés, morts ou dépérissants ;

5° Dans certaines forêts , il existe une surabondance d'arbres feuillus qui ont pris des dimensions énormes ;

6° Dans les parties les plus inaccessibles gisent sur le sol beaucoup de chablis et de bois morts abandonnés ;

7° Un grand nombre d'arbres défectueux végètent au milieu des massifs ;

8° Les âges sont entièrement confondus et sans aucune graduation, et les massifs réguliers ne forment que des taches très-rares dans l'ensemble des peuplements.

2° RÉGIME DE L'ADMINISTRATION SARDE.

Cet état de choses est une conséquence du système d'administration et d'exploitation en usage sous le régime sarde.

Sous ce régime, les communes, représentées par leurs syndics ou maires et leurs conseils municipaux, géraient elles-mêmes de fait, sinon de droit, leurs affaires forestières, comme le surplus de leurs affaires générales.

Le personnel des agents forestiers, représenté pour toute la province par un inspecteur unique, qui faisait en même temps fonctions de chef de cantonnement, ne se composait, quant aux préposés, que de trois gardes-chefs ou brigadiers, et d'un très-petit nombre de gardes ordinaires.

Les triages étaient immenses, et comprenaient des forêts répandues sur le territoire de plusieurs communes séparées les unes des autres par des chemins impraticables. La surveillance, la direction, l'initiative de l'administration forestière étaient donc très-faibles.

Nous devons ajouter que le personnel des agents était recruté de manière à n'offrir que rarement les garanties de capacité suffisantes.

Voici quelles étaient les habitudes du pays avant l'annexion.

Les habitants de toute commune possédant une forêt (et c'était le grand nombre) jouissaient du pâturage et des menus produits, trouvaient à pourvoir à leur chauffage, au moyen du bois mort et des bois feuillus, réparaient leurs habitations par des délivrances de chablis, et, dans le cas où les chablis ne suffisaient pas, par des concessions spéciales d'arbres debout et sains ; la jouissance se bornait là. On ne faisait pas de coupes annuelles et réglées ; mais on en faisait de très-considérables tous les trente ou quarante ans, et ces coupes comprenaient alors la totalité des arbres exploitables, sinon dans la forêt entière, du moins dans un vaste canton.

La commune, après avoir obtenu l'autorisation nécessaire, déléguait des conseillers municipaux pour procéder au balivage et à l'estimation.

Le garde local était censé assister à l'opération, pour laquelle le garde-chef apportait le marteau sarde. Parfois aussi, l'inspecteur était présent lui-même ; mais cela ne pouvait être que l'exception, son service étant beaucoup trop étendu. On passait quinze jours, un mois, quelquefois plus, dans un canton, où l'on avait soin de ne marquer que des arbres essentiellement propres au commerce, sans se préoccuper, en aucune façon, de la régénération et de l'amélioration de la forêt.

Les feuillus n'ayant pas de valeur commerciale, on les laissait sur pied indéfiniment, et ils acquéraient, dans les bons sols, des proportions gigantesques. Les résineux mal faits ou vicieux n'ayant pas plus de valeur, on les laissait également debout, sans songer à dégager les jeunes repeuplements, et on attendait avec patience que, victimes des coups de vent ou des avalanches, ils finissent par tomber et par pourrir sur place.

La végétation est si puissante dans les hautes montagnes du comté de Nice, qu'elle eût suffi à réparer les désastres causés par un tel système, si les abus d'un pâturage incessant n'eussent détruit les jeunes semis qui ne demandaient qu'à prendre leur essor. Mais, dans ces forêts abandonnées, les troupeaux pacageaient dans les coupes, même pendant l'exploitation, et, derrière le bûcheron qui de sa cognée abattait les géants du passé, se tenait le berger, dont les chèvres dévoraient l'espérance de l'avenir.

Rien ne justifie les abus du pâturage que nous venons de signaler, et qui ont causé aux forêts du comté de Nice des dommages irréparables. Mais ces grandes exploitations de cantons tout entiers s'expliquent, jusqu'à un certain point, par les habitudes commerciales alors en usage.

Le commerce des bois, représenté par un petit nombre de maisons riches et influentes, formait une sorte de féodalité qui ne livrait ses capitaux qu'en se réservant une large part de bénéfices et de liberté d'action.

La difficulté du transport et les frais d'exploitation exigeant de grandes dépenses, ainsi que nous l'expliquerons tout à l'heure, et ces dépenses devant être faites à titre d'avances, longtemps avant de pouvoir produire des bénéfices, l'ancien commerce des bois avait contracté l'habitude des grandes coupes, et les communes avaient dû s'y soumettre, trouvant, dans la sécurité des payements, des compensations apparentes aux immenses dommages qu'elles subissaient en réalité.

Le pays a été de tout temps presque dépourvu de routes carrossables, car la grande route de Nice à Turin, qui remonte au commencement du xviiie siècle, et la route de la Corniche, qui remonte au commencement du xixe, ont été, jusqu'à une époque très-récente, les seules voies de communication traversant le comté de Nice.

Les routes de la Vésubie et de la Tynée étaient seulement commencées au moment de l'annexion (1860). Elles ne sont pas encore finies.

Il n'existait donc, pour la majeure partie des forêts, d'autre possibilité d'enlever les bois que la voie du flottage.

Or il y a deux espèces bien distinctes de flottage, le grand et le petit. Le premier consiste à déposer dans des rivières flottables, pendant au moins une partie de l'année, des bois de toute espèce et de toute dimension, qui finissent par arriver dans des rivières plus grandes, telles que le Var,

4

d'où on peut les conduire dans les ports de Nice ou de Vintimille. Remarquons que ces bois ne sont jamais formés en trains. Ils flottent à bûches ou à *tronces perdues*.

Ce genre de flottage est très-précieux, même encore aujourd'hui. Il permet de transporter sans trop d'avaries et à bon marché les pièces de bois de diverses dimensions, c'est-à-dire les billots pour faire les planches, les poutres moyennes, et même aussi les grandes.

Mais le second mode de flottage est tout différent ; voici en quoi il consiste. On retient, au moyen d'un grand barrage solidement construit en pierres et en charpente, les eaux d'un ruisseau coulant près de la forêt. On accumule dans ce petit lac artificiel, ou mieux encore on réunit au-dessous du barrage, si la disposition des lieux le permet, tous les produits de la coupe débités en billots pour faire des planches ; puis, deux fois par an, à l'époque des pluies d'automne, et surtout à l'époque de la fonte des neiges, on ouvre au milieu de ce barrage la vanne d'une vaste écluse par laquelle se précipitent avec violence les eaux accumulées, entraînant avec elles ces milliers de morceaux de bois, qui finissent par arriver au fond de la vallée, bondissant de cascade en cascade et de rochers en rochers, en suivant le cours du petit ruisseau que l'opération ci-dessus a considérablement grossi et a rendu flottable pour quelques jours seulement.

Les résineux résistent encore à ce dur régime ; mais, parmi les feuillus, les bois tendres, comme le Hêtre, se brisent en mille pièces avant d'arriver à destination, et les bois lourds, comme le Chêne, restent au fond du ruisseau, d'où aucune force humaine ne peut plus les sortir, et y pourrissent lentement. Ce second mode de flottage a donc pour conséquence de déprécier notablement la valeur des bois, que l'on est forcé de débiter en billots de faibles dimensions, et de les endommager beaucoup.

D'ailleurs, une partie reste toujours en chemin et est complétement perdue. L'emploi de ce procédé est donc extrêmement fâcheux, et on doit tendre à en amener la suppression.

Un inconvénient majeur de ces grandes coupes était le temps fort long que'lles exigeaient pour leur exploitation. Les délais de dix ans n'étaient pas rares. On peut juger de ce que devaient être les récolements après de si longs termes et croire que cette vérification était complétement illusoire pour les marchands de bois.

Malheureusement elle ne l'était pas pour les communes. En effet, le balivage se faisant toujours en délivrance, on comptait les souches le mieux possible au récolement.

Comme, dans la plupart des forêts, les cimes et les branches n'avaient aucune valeur commerciale, et que les habitants trouvaient partout des quantités de bois mort beaucoup plus considérables qu'il ne leur en fallait pour leur chauffage, tout ce qui n'était pas bois de service ou d'industrie était abandonné pêle-mêle sur le parterre des coupes.

L'opération du récolement était donc fort difficile, et même, en supposant les plus grands soins, un nombre considérable de souches ne pouvait pas être retrouvé. N'oublions pas que le récolement, comme le balivage, était principalement effectué par les délégués du Conseil municipal, bien que l'inspecteur dût être présent dans certains cas.

Or, il était d'usage que si dans une coupe de **10,000** arbres de haute futaie, par exemple (de pareils chiffres n'étaient pas rares), on ne retrouvait que **9,000** souches au récolement, on devait équitablement délivrer à l'amiable **1,000** arbres semblables à l'adjudicataire pour lui tenir compte de ceux dont il était censé avoir été privé, par suite d'une erreur supposée de compte dans le balivage. Cette erreur en moins était passée dans les habitudes, et pour y parer on avait soin de réserver et de ne pas comprendre dans la vente une partie de la forêt ayant les ressources nécessaires.

Nous en avons dit assez pour faire apprécier qu'un pareil système conduisait bien loin, car il fallait de nouveaux

délais pour exploiter ce matériel donné à titre de compensation; il fallait ensuite un récolement nouveau; aussi, quand
une grande coupe ne durait qu'une dizaine d'années, on
devait s'estimer heureux, et on peut juger, par ces détails,
dans quel état devait se trouver la forêt après une pareille
épreuve!

Mais ce n'est pas tout, l'influence des vents et des hivers
rigoureux ne tardait pas à se faire sentir dans ces massifs à
moitié détruits par la main de l'homme.

D'innombrables chablis abattus par les tempêtes, de
nombreux volis écrasés sous le poids des neiges et du ver-
glas, une quantité d'arbres morts desséchés par l'isolement,
venaient diminuer encore les ressources du matériel si
appauvri de la forêt.

Le haut commerce dédaignait ces vils débris qui deve-
naient la proie de la population, et qui se partageaient par
les soins des municipalités, dans les conditions les plus
irrégulières, quand ils n'étaient pas l'objet d'adjudications
peu productives pour les communes propriétaires, mais qui
faisaient parfois la fortune des petits marchands de bois.

3° CONSÉQUENCES DU RÉGIME SARDE.

Outre les conséquences désastreuses qu'un tel système
avait sous le rapport forestier, nous devons signaler également ses inconvénients à d'autres points de vue.

Aucun revenu régulier n'était assuré aux communes,
elles vivaient habituellement dans la gêne, en présence de
l'aisance, et parfois de la fortune, dont elles ne savaient pas
profiter. Elles recevaient, il est vrai, tous les trente ou quarante ans, des sommes considérables.

Si une municipalité avait à sa tête, à cette époque, des
hommes honnêtes et intelligents, on trouvait un emploi
utile et honorable du produit de la coupe, et les choses
devaient se passer ainsi souvent. Remarquons, cependant,
qu'il est toujours fâcheux de voir disposer, par une généra-

tion, de ce qui appartient à plusieurs, et que souvent l'idée du moment peut être erronée, ce qui n'a pas beaucoup d'inconvénients quand, l'année suivante, il est permis de corriger ce que l'on a fait, mais ce qui est fort grave quand une situation permet de disposer, en six mois, de revenus accumulés pendant quarante ans et réalisés tout d'un coup.

Nous avons raisonné dans l'hypothèse d'une administration honnête et intelligente, que n'aurions-nous pas à dire dans l'hypothèse contraire?

Les règles tracées de main de maître dans la *Culture des bois* de Lorentz et Parade, et posant en principe absolu *les coupes annuelles et le rapport soutenu*, sont aussi conformes à la science qu'à la morale administrative, et nous devons rappeler que les deux autres règles non moins essentielles, sur lesquelles repose toute gestion forestière honnête et intelligente, sont *assurer la régénération naturelle par les coupes mêmes et améliorer constamment les forêts*.

Il est regrettable que ces règles aient été trop souvent perdues de vue dans la gestion des forêts du comté de Nice.

Il est facile de prouver que des ventes aussi considérables devaient se faire le plus souvent à vil prix, car d'abord il est impossible de jeter, sur un même marché, de grandes quantités de la même marchandise sans en abaisser considérablement la valeur. En second lieu, par suite de l'usage général du petit flottage, on était réduit à débiter les plus beaux arbres en troncs de 2 mètres de longueur, dont on ne pouvait faire que des planches, ce qui enlevait à toutes les pièces propres à la charpente la plus grande partie de leur valeur.

Le système des grandes coupes avait donc les plus fâcheux résultats.

Une autre cause d'épuisement pour les forêts du comté de Nice était l'usage de faire aux habitants, *ut singuli*, des délivrances de bois, pour la construction et la réparation de leurs maisons, concessions dont ils abusaient le plus sou-

vent pour vendre les bois qu'on leur délivrait, sauf à renouveler sans cesse les mêmes demandes dans le même
but.

Nous ne pouvons mieux faire, pour résumer et expliquer
tous ces abus, que de citer textuellement ce que dit, à ce
sujet, le baron Louis Durante, dans sa *Chorographie du
comté de Nice*, publiée à Turin en 1847, ouvrage dans
lequel il est regrettable que trop peu de pages soient consacrées aux forêts :

« Des coupes imprudentes, des aménagements inconsi-
dérés, la continuelle exportation des bois manufacturés, et
l'aveugle système des ventes avant la complète maturité des
arbres, sans jamais s'occuper de remplacer ce que la hache
fait disparaître chaque année, auraient déjà entièrement
dépeuplé nos forêts, si dans le comté de Nice la nature du
sol essentiellement forestier ne réparait d'elle-même ces
pertes.

« Puisque la généreuse prédisposition du territoire ne
cesse de combattre la destruction des bois, ne serait-il pas
facile aux administrations communales d'en assurer la reproduction ? et pourtant il ne reste plus dans toute l'étendue
de la province une seule forêt vierge ; l'impitoyable hache
n'a rien épargné, même dans les plus âpres localités.

« D'après les documents authentiques que j'ai sous les
yeux, de 1822 à 1844 inclusivement, les coupes en arbres
de haute futaie, dans les bois communaux, se sont élevées
au chiffre de. . . . . pieds 290,595
« Depuis on a encore abattu.   20,526

« Ainsi, dans l'espace de vingt-trois ans, le
nombre total des pieds abattus s'élève à.   311,251
sans y comprendre les concessions faites aux habitants pour
les constructions, les réparations locales et le chauffage,
consommation que je porte annuellement à plus de
10,000 arbres. Enfin, avec ce que le commerce exporte et
ce que la menuiserie emploie dans la ville de Nice, on cal-

cule qu'un quart de siècle a suffi pour dévorer plus de 500,000 pieds d'arbres.

« Cet énorme total, mis en regard des besoins progressifs de la population croissante, fait connaître l'impérieuse né - cessité d'adopter des mesures promptes et efficaces d'écono- mie, de conservation et de reproduction, soit en modérant l'invasion des chèvres dans les terrains boisés, au moyen de prudentes réserves conseillées par les localités, soit en s'occupant de repeupler les montagnes par des semis et des plantations d'arbres appropriés à la nature du sol. . . . . .

« Une autre nécessité, celle d'accroître les moyens actifs de surveillance et de conservation, est généralement recon- nue. On ne peut contester, surtout dans cette province, que le nombre des agents forestiers n'est pas proportionné à l'étendue des terrains boisés, aux grandes distances à par- courir, aux rigueurs du climat, aux fatigues et aux périls qu'il faut surmonter.

« Notre régime n'est pas encore arrivé à sa hauteur sous ses rapports d'utilité et d'économie publique, et ne jouit pas d'assez de considération.

« La modicité des traitements assignés aux divers em- ployés, et particulièrement aux subalternes, est la cause qu'ils n'ont pas tous la moralité et la capacité nécessaires. Leur service exigerait plus de connaissances théoriques et pratiques, et la bonne éducation par laquelle on obtient le respect et la confiance.

« L'administration des bois et forêts mérite d'être relevée au-dessus de sa condition actuelle, et de prendre le rang que lui assigne l'importance de son institution. »

Le baron Durante n'était pas seulement un homme instruit, honnête et intelligent, il était, en outre, inspecteur des forêts de l'administration sarde. Ses paroles et les chif- fres qu'il met en avant ont donc une autorité et une portée qu'on ne peut contester et qui doivent inspirer bien des réflexions.

Nous citerons encore le savant Foderé qui, dans son

Voyage aux Alpes-Maritimes, publié en **1821**, s'exprime ainsi dans un des passages trop courts qu'il consacre à la question forestière :

« En fait de bois et de forêts, la nature n'a pas été avare envers ces Alpes. Nous apprenons de la tradition que d'immenses forêts de Sapins, de Mélèzes et de Chêne blanc peuplaient autrefois les chaînes de montagne qui se rapprochent des Alpes, tandis que le Pin maritime à tige écailleuse et recourbée procurait des ombrages sur ces rochers brûlés des vents du Sud, le long des côtes de la mer. Il n'est pas, dans les différents villages, un vieillard qui ne m'ait rappelé cette circonstance qu'il tenait de ses ancêtres ; et Sigismond Alberti, qui écrivait en **1706**, donne encore à sa ville de Sospello dix à douze forêts de bois noir, dont, à part quelques bois du côté de Molinetto, il ne reste plus aujourd'hui que le nom. »

Parmi les autres causes qui ont détruit une quantité de forêts dans le comté de Nice, et spécialement celles des particuliers, signalons les cultures imprudentes faites au moyen de l'écobuage et citons encore Foderé :

« Mais ce sont les défrichements successifs qui ont occasionné le plus de dommages. J'ai vu moi-même des forêts entières incendiées et ensuite ensemencées. Cette cendre donne, la première année, une assez belle récolte. Au temps des pluies la terre est entraînée, et il ne reste que le rocher ; alors on incendie un autre quartier, et ainsi successivement.

« Ailleurs on coupe, pour faire du bois, le jeune arbre avec le vieux ; l'on se fait même accompagner de troupeaux de chèvres qui, broutant toutes les jeunes pousses, font évanouir tout espoir de repopulation. J'ai vu ces maux communs dans toute la Provence, et il paraît qu'ils sont anciens dans les Alpes dont je parle... »

Ces cultures sont un des principaux motifs de la dénudation si complète du sol, que l'on remarque près des lieux habités et qui est malheureusement si générale, que l'aspect du pays en prend une physionomie particulière qui mérite une description spéciale.

Dans le comté de Nice, la plupart des villages sont situés dans des vallées ou sur des éminences peu élevées au-dessus du niveau de la mer.

Le territoire des communes est ordinairement fort vaste, et s'étend depuis le village jusqu'à la crête des montagnes voisines, lesquelles ont généralement une altitude considérable. Ainsi, par exemple, le territoire de Breil s'étend à l'ouest depuis la petite ville de ce nom située sur les bords de la Roya, et dont l'altitude est de **290** mètres seulement, jusqu'au sommet de l'Authion, montagne qui est à **2,090** mètres au-dessus du niveau de la mer ; il en est de même du côté du versant est.

Par conséquent, si l'on veut se rendre de Breil à la forêt de Mélèzes, dont les débris se voient encore sur les flancs de l'Authion, cette ascension de **1,800** mètres se fait sans sortir du territoire de la commune.

Après avoir franchi la zone des prairies, des terres arrosables et des Oliviers, qui forme autour de Breil une charmante oasis, on entre tout à coup dans la région des cultures temporaires et des pâturages d'hiver, c'est-à-dire dans un véritable désert ; partout le terrain dénudé laisse apercevoir le squelette osseux et décharné de la montagne, dont les flancs déchirés donnent naissance à des torrents destructeurs.

Après avoir, pendant plusieurs heures, traversé ces solitudes désolées, on arrive à la zone forestière où la végétation reparaît puissante et énergique ; au-dessus règne la vraie région pastorale avec ses épais gazons, mais veuve de sa couronne de forêts de Mélèzes, qui faisaient autrefois son plus bel ornement et dont les sujets épars ne rappelleraient qu'imparfaitement le souvenir, si d'énormes souches coupées à 2 mètres du sol et dispersées çà et là ne venaient pas, comme des tombes muettes, révéler les fautes des générations passées et servir d'enseignement à la génération présente !

Nous devons reconnaître que, effrayé des dévastations dont nous avons tracé une faible image, le gouvernement sarde s'est préoccupé, pendant quelque temps, de la nécessité d'y mettre un terme.

C'est dans ce but que fut promulgué le règlement forestier de 1822 dont les dispositions sévères produisirent promptement un bien considérable.

Mais, dès 1833, le même gouvernement, dont la pensée désormais exclusivement politique chercha plutôt à satisfaire les communes qu'à bien les administrer, fit rédiger la loi nouvelle qui resta celle du comté de Nice jusqu'à la dernière annexion à la France, loi qui, nous le démontrerons plus tard, rouvrit la porte à tous les abus.

Quoi qu'il en soit, on peut constater que les seuls massifs boisés bien complets et jeunes qui se rencontrent encore dans les forêts ont un âge moyen de 40 à 50 ans, qui correspond à la loi de 1822-1833. A partir de cette dernière date, les repeuplements naturels sont extrêmement rares. La dent du bétail a tout dévoré.

4° SITUATION ACTUELLE.

Nous avons distingué dans le comté de Nice deux parties bien distinctes : l'arrondissement de Nice et celui de Puget-Théniers.

Dans le premier, nous avons dit que les voies de communications étaient meilleures et plus nombreuses depuis un certain temps.

Elles ont été notablement augmentées et améliorées depuis l'annexion, et un système à peu près suffisant de routes nationales, départementales et vicinales de grande communication permet à la majeure partie des forêts de vider leurs produits sans avoir recours au petit flottage. Le grand flottage s'y fait sur la Roya qui descend à Vintimille, et sur la Vésubie qui se jette dans le Var ; mais il n'est que le complément utile de la vidange ; enfin une quantité de belles pièces peuvent être annexées sans trop de frais sur les grandes routes, et de là conduites à Nice.

Cette situation particulièrement favorable a permis d'introduire dans cet arrondissement, après quelques hésitations et après une période transitoire de cinq à six ans, un système de coupes annuelles de moyenne importance.

Ces coupes ont été très-recherchées par les petits marchands de bois du pays, et il s'est formé peu à peu dans les localités les mieux situées et dans les divers centres de consommation, des habitudes commerciales qui ont pris un grand développement.

Ceux qui achetaient autrefois des bois aux délinquants et aux concessionnaires les achètent maintenant à l'adjudication publique.

Les coupes, étant ordinairement peu importantes, sont payées facilement dans les délais exigés par le cahier de charges français.

En présence de ces concurrents et de la faible marge ouverte aux bénéfices par le nouveau système, l'ancien commerce a restreint peu à peu ses opérations, plusieurs maisons ont liquidé et de nouvelles ne se sont pas fondées.

Pourtant quelques grosses coupes ont été mises, depuis l'annexion, à la disposition de cette catégorie de négociants. Nous citerons celle de la Maïris (Lantosque), du Bois-Noir (Venanson), et de Salèzes (Saint-Martin-Lantosque), mais ce ne sont là que de rares exceptions destinées à disparaître dans l'avenir, après avoir servi de transition avec le passé.

On a donc pu procurer ainsi un revenu à peu près régulier à plusieurs communes, et faire pour un assez grand nombre de forêts de l'arrondissement de Nice des règlements provisoires de possibilité. Ces règlements sont loin de valoir de véritables aménagements, mais ils ont l'avantage de mettre de l'ordre dans les exploitations et dans l'emploi des ressources, et d'habituer peu à peu les populations et les municipalités au système forestier français qui doit être le salut du pays. Les possibilités ainsi déterminées sont, en général, assez faibles, elles dépassent rarement un mètre cube à l'hectare, mais il faudrait peu d'années d'un bon régime pour arriver à une notable amélioration.

Nous avons prononcé le mot d'aménagements ; ce n'est pas que nous croyions possible d'en faire de longtemps de définitifs. Dans l'état où sont les forêts du comté de Nice, état qui provient d'un jardinage désastreux, on ne peut songer à y établir que des révolutions transitoires, dans le but d'amener une certaine régularité relative dans les peuplements.

Malgré la résistance des communes habituées à ne voir marteler que des arbres ayant une valeur marchande bien déterminée, on a eu le soin de faire disparaître, autant que possible, les feuillus et les arbres défectueux, et de ménager les résineux, tout en sacrifiant un nombre suffisant de ces derniers pour assurer le succès de la vente. On a eu l'attention de restreindre le plus possible l'étendue superficielle des coupes, afin de ne pas diminuer trop l'étendue des parties de forêts livrables au parcours, et on n'a pas négligé de dégager les jeunes semis et les jeunes repeuplements, en enlevant les vieilles réserves de toute catégorie qui en retardaient la végétation.

On comprend que ces opérations, toutes faites dans des futaies, soient extrêmement variées, et que souvent dans la même vente, pourvu qu'elle soit un peu considérable, on a à marquer successivement des coupes définitives, des coupes secondaires, des coupes d'ensemencement, et parfois de simples éclaircies. Nous faisons cependant des réserves complètes à propos de ces dernières, et nous les croyons fort difficiles et le plus souvent fort dangereuses, à moins qu'il ne s'agisse d'éclaircies préparatoires à la coupe d'ensemencement, comme celles dont nous venons de parler, lesquelles sont fort utiles. En règle générale, nous ne conseillons pas les éclaircies proprement dites.

Les forêts de l'arrondissement de Puget-Théniers sont très-nombreuses et ont beaucoup d'importance ; mais nous pensons que, eu égard à l'extrême difficulté de la vidange et des exploitations dans cet arrondissement, difficulté qui a pour résultat l'insuccès habituel des adjudications, même en estimant les bois à vil prix, il y a lieu de suspendre autant que possible toute vente sérieuse, tant que les voies de communication ne seront pas améliorées dans cette partie des Alpes-Maritimes. Si l'on n'agissait pas avec cette prudence, comme l'administration sarde n'a laissé, en général, que des forêts presque épuisées, on arriverait au moment où la vente des bois deviendra avantageuse, sans trouver aucun reste de matériel exploitable sur pied.

5° STATISTIQUE DES VENTES EFFECTUÉES AVANT ET APRÈS L'ANNEXION.

Nous tenons à justifier tout ce que nous avons avancé relativement au système des grandes coupes en usage dans le comté de Nice avant l'annexion.

Rappelons que le baron Durante a donné le chiffre officiel des arbres de futaie exploités en vertu d'adjudications régulières pendant vingt-trois ans, de 1822 à 1844 inclusivement, et que ce chiffre est de 290,595 arbres, soit 12,634 par exercice, sans compter environ 10,000 concédés annuellement aux habitants pour les constructions, les réparations locales et le chauffage, soit au total 22,634 arbres par an.

Ce chiffre paraissait avec raison exorbitant à l'auteur de la *Chorographie du comté de Nice,* et il le déclarait ruineux pour les forêts du pays.

Que n'eût-il pas dit s'il avait pu prévoir l'augmentation qui s'est produite plus tard dans les ventes ?

Nous donnons, en puisant aux mêmes sources que le baron Durante, le nombre des arbres de futaie vendus de 1845 à 1859 inclusivement, c'est-à-dire pendant les quinze années qui ont précédé l'annexion à la France, sans oublier que des bois taillis ont été vendus aussi en assez grande quantité et pour une assez forte somme.

Ce nombre est de 426,634 pour tout le comté de Nice, soit 28,442 par exercice, et, comme la quantité des arbres concédés directement aux habitants a dû plutôt augmenter que diminuer, le chiffre de 10,000, qui représente ces concessions annuelles, est plutôt au-dessous qu'au-dessus de la vérité; on peut donc dire que, pendant les quinze dernières années qui ont précédé l'annexion, il a été coupé au moins 38,442 arbres de futaie chaque année, soit, au total, 576,634.

C'est vraiment exorbitant, et aucune des forêts du pays n'aurait résisté à un pareil régime, s'il avait duré un peu plus !

On peut décomposer ainsi les renseignements relatifs aux arbres ou plantes vendus par adjudications publiques.

Dans les communes sardes qui composent actuellement l'arrondissement de Nice, et dans celles aujourd'hui italiennes de Tende et de la Briga, qu'on ne peut séparer dans notre calcul, le nombre des plantes vendues de 1845 à 1859 est de 228,117 et le prix de vente est de 1,660,601 francs, ce qui donne par exercice 110,605 francs, et par arbre 7 fr. 28 en moyenne. Ce prix est assez élevé, car il ne faut pas perdre de vue que l'arrondissement de Nice a une partie notable de son territoire, un tiers environ, dans la région méditerranéenne et dans la région moyenne, où les forêts composées de Pins maritimes et de Pins d'Alep sont étendues, et ne produisent que des arbres d'une faible valeur commerciale, qui figurent en grand nombre dans le total ci-dessus.

L'arrondissement de Puget-Théniers a, au contraire, presque toutes ses forêts dans les régions alpestre et alpine. Malgré cela, les 198,463 arbres qui s'y sont vendus pendant la même période n'ont atteint que le prix de 1,086,115 francs, soit par exercice **72,407** francs, et par arbre **5 fr. 47** ; prix doublement inférieur à ceux de l'arrondissement de Nice, puisque pour Puget-Théniers il y a eu beaucoup plus de vrais arbres de futaie dans l'ensemble des ventes faites.

Abandonnons ces généralités pour citer quelques-unes des coupes les plus importantes faites de **1845** à **1859**.

1° Arrondissement de Nice.

	Nombre d'arbres de haute futaie en 1 lot.	Prix total.	Prix de chaque arbre.
1849. Saint-Martin-Lantosque.	7,819	47,700 fr.	6 fr. 10 c.
1852. Id.	6,063	45,462	7 50
1858. Id.	16,119	308,000	19 10
1850. Roquebillère.	6,401	39,366	6 14
1853. Bollène.	11,790	98,020	8 31

2° Arrondissement de Puget-Théniers.

1845. Valdeblore.	11,623	89,748	7 70
1858. Id.	6,806	70,205	10 31
1845. Clans.	3,889	42,300	3 04
1858. Id.	13,072	78,500	6 00
1851. Isola.	10,646	101,000	9 58
1858. Id.	6,654	24,010	3 60
1852. Saint-Sauveur.	7,020	29,000	4 13
1852. Roubion.	7,713	62,084	8 05
1853. Thierry.	6,697	55,991	8 03
1851. Bairols.	7,295	20,800	2 85

Si on veut bien se rappeler que, pour surveiller ces énormes exploitations, on ne pouvait disposer que d'un personnel tout à fait insuffisant en agents et en préposés, que chaque garde avait cinq ou six communes dans son triage, que les exploitations duraient nécessairement de dix à douze ans, que les récolements étaient impraticables et inefficaces après d'aussi longs délais, on reconnaîtra que nous n'avons rien exagéré en attribuant à ce système la ruine d'un très-grand nombre de forêts communales et l'appauvrissement de toutes sans exception. Les vagues immenses, les clairières si étendues, les ruines accumulées proviennent de l'excès abusif des exploitations joint à l'excès abusif du pâturage.

Aussi trouvons-nous relatées, sur les registres des ventes faites avant l'annexion, des coupes considérables dans des communes où il n'existe plus aujourd'hui que des forêts insignifiantes, et même la commune de Contes, qui en 1838 vendait encore un lot de 4,402 Pins, ne possède plus aujourd'hui un seul hectare de terrains boisés !

Sans doute, quelques-uns des prix de vente de ces énormes coupes paraîtront avantageux au premier abord. Mais l'homme impartial qui verra par lui-même les ruines et les dévastations accumulées par ces exploitations monstrueuses sera profondément convaincu que les avantages pécuniaires qu'on en retirait étaient beaucoup plus apparents que réels, puisque, chaque fois, c'était la ruine à peu près complète d'une belle forêt ou au moins d'un canton important, qui en était la conséquence obligatoire.

Nous ne donnons pas de détails sur les ventes effectuées dans le comté de Nice depuis l'annexion. Ce travail n'aurait qu'un intérêt médiocre, puisque les quatorze années qui se sont écoulées depuis lors peuvent être considérées comme une époque de transition entre les anciens abus et une régularité complète, si désirable pour l'avenir.

Nous dirons pourtant que le produit total des ventes faites par l'administration française de 1860 à 1873 inclusivement est de 1,206,234 francs, dont 994,980 pour les forêts de l'arrondissement de Nice, et de 211,254 pour celles de l'arrondissement de Puget-Théniers ; soit 86,159 francs par an. Il ne s'agit, bien entendu, que du prix principal sans les accessoires.

En retranchant de notre calcul les bois des communes de Tende et de la Briga, afin de rendre nos chiffres comparables, nous rappellerons que, pendant les quinze années qui ont précédé l'annexion, le produit des ventes avait atteint 2,290,304 francs, soit 152,687 francs par an. On voit donc que l'administration française a agi avec prudence et modération.

Cette règle lui était; d'ailleurs, tracée par l'héritage qui lui était légué.

6° Améliorations.

En ce qui concerne les améliorations, on n'a pu, depuis l'annexion, marcher qu'avec lenteur ; cependant quelques-unes ont été essayées avec succès. Ainsi, dans l'arrondissement de Nice, la facilité des ventes a encouragé les mises en charge. On a obtenu, par ce moyen, des journées de travail pour ramasser des graines, repeupler les vides et pour améliorer des chemins et des sentiers.

On a pu imposer la conservation, au profit des communes propriétaires, des travaux faits par les adjudicataires pour la vidange des coupes.

C'est ainsi qu'à Breil la commune possède une belle écluse de chasse dans la vallée de la Maglia, écluse dont elle a, d'ailleurs, fourni les bois gratuitement.

C'est ainsi qu'à l'Escarène, à Luceram, etc., des chemins établis par les adjudicataires sur plusieurs kilomètres de développement et qui ont servi à la vidange des coupes passées pourront également servir à la vidange des coupes futures.

On a pu également exiger, dans quelques forêts, à défaut de l'enlèvement des cimes, branchages et bois morts qui n'avaient aucune valeur, soit leur transport dans des ravins et dans des lieux stériles, où ils ne nuiront pas aux jeunes plants, soit leur destruction complète par la voie du feu.

Parmi les mises en charge, la construction d'un certain nombre de baraques en planches, avec murs en pierres sèches, couvertes en tuiles ou même voûtées, destinées à abriter les agents et les gardes pendant les tournées, a été imposée sur plusieurs coupes. Cette amélioration donne les meilleurs résultats.

Ce n'est pas qu'il puisse être question d'une manière générale, dans le comté de Nice, de loger les gardes dans des maisons bâties au milieu des bois. Les forêts sont, en effet, habituellement si éloignées des villages, et les communications sont si difficiles, que dans toute la saison d'hiver il y aurait impossibilité, pour un préposé et sa famille, d'y demeurer, sans s'exposer à périr de froid et de faim. On ne peut donc guère songer à placer la demeure des gardes que dans les villages, où se trouve, d'ailleurs, concentrée toute la population du pays, laquelle, pour les raisons ci-dessus, n'habite pas les campagnes isolées ; mais il est très-avantageux, pour la surveillance, d'avoir, dans les immenses solitudes de la montagne, des refuges assurés, où les agents comme les préposés peuvent, à l'occasion, passer plusieurs jours pendant la belle saison.

Il était d'usage, autrefois, sous le prétexte apparent de maintenir les terres, de ne couper les arbres qu'à une hauteur d'environ 2 mètres au-dessus du sol.

Nous pensons que cette idée de prévoyance n'était nullement le motif qui faisait agir ainsi, et que les bûcherons trouvaient plus lucratif de continuer à couper en temps de neige, sauf à sacrifier en pure perte une notable partie des arbres.

Quoi qu'il en soit, ces débris, qui sont encore debout et qui permettent d'apprécier la splendeur de la végétation passée, n'en font pas moins le plus triste effet, et leur conservation nous paraît très-souvent fort inutile.

Nous avions donc vu avec une vive satisfaction se fonder dans la vallée de la Roya une industrie assez perfectionnée pour extraire des vieilles souches de Pin silvestre, non-seulement du goudron, mais encore de l'essence de térébenthine et divers autres produits précieux. Il est regrettable que, par suite de circonstances étrangères à la question forestière, ce commerce n'ait pas prospéré. Il eût été facile de repeupler, à peu de frais, des étendues considérables de terrains ameublis et préparés par l'extraction ci-dessus. Espérons que cette industrie pourra un jour redevenir florissante.

Signalons encore, comme des tentatives d'amélioration, la mise en vente, pour la carbonisation, des débris et des rémanents provenant des anciennes coupes et négligés par les populations. C'est ce qui a eu lieu à la Maïris, commune de Lantosque.

Dans la même forêt, on a également essayé sur une grande échelle, avec un succès complet, la vente et l'exploitation spéciale et exclusive des Hêtres surabondants et des résineux morts ou défectueux.

Dans la forêt de Luceram, une coupe à blanc étoc faite en 1865, dans un magnifique gaulis de Hêtres âgés d'au moins 50 ans, et entouré sur les hauteurs voisines par des massifs résineux de tous les côtés, a eu pour résultat d'introduire en très-grand nombre le Pin silvestre et le Pin maritime, dans le canton de Gourréas, qui contient près de 80 hectares.

Les jeunes Hêtres, tous brins de semence, ont repoussé de souche, mais ils formeront désormais le peuplement accessoire. Les jeunes résineux dégagés ou introduits dans le massif formeront le peuplement principal.

Cette opération hardie paraît avoir réussi pleinement. Il a fallu beaucoup d'audace pour tenter une semblable entreprise, et, quoique la valeur commerciale du Hêtre soit réellement très-faible en ce moment, nous ne sommes pas sans regretter cette jeune et belle futaie si régulière et si bien venante.

Enfin, une des principales améliorations, fort indirecte sous le rapport cultural, a été la suppression, sinon complète, du moins une notable réduction des délivrances d'urgence, dont on a vu, par l'extrait du livre du baron Durante, cité plus haut, les conséquences désastreuses. Mentionnons aussi la transformation des coupes affouagères destinées à être partagées, en nature, entre les habitants, et donnant lieu aux mêmes abus que les délivrances d'urgence, en coupes marchandes, vendues sur pied au bénéfice des communes.

Les forêts de la haute montagne sont tellement riches en bois mort, en chablis, etc., qu'en ménageant ces ressources on peut y trouver ce qu'il faut pour les besoins des populations, tant en bois de construction qu'en bois de chauffage.

La question de l'amélioration des forêts du comté de Nice est, comme on le voit, bien peu avancée. Il appartient à l'avenir de la résoudre. Le présent doit s'occuper, avant tout, de la conservation des massifs boisés et empêcher leur destruction, sollicitée par l'intérêt du moment et par les besoins d'argent des communes propriétaires.

CHAPITRE V.

Produits principaux des forêts.

1° DÉBIT DES BOIS. — VIDANGE GÉNÉRALE.

Dans les communes les plus rapprochées du littoral, les forêts étant peu étendues et les exploitations plus restreintes, les bois de chauffage ont une certaine valeur.

Dans beaucoup d'autres, les mêmes bois, sans avoir une valeur marchande proprement dite (car le plus souvent ils sont abandonnés par les adjudicataires), sont cependant recherchés par les habitants, soit pour leur chauffage, soit pour alimenter les fours à chaux, fort nombreux et fort usités dans le pays, où l'on trouve presque partout des pierres calcaires d'excellente qualité.

Dans d'autres, ces bois pourrissent sur place, et on a beaucoup de peine à obtenir qu'ils soient brûlés ou jetés dans les ravins afin de débarrasser le parterre des coupes.

Il n'existe, pour ainsi dire, aucune industrie consommant

des bois de feu, dans le comté de Nice. On n'y rencontre point de forges, point d'usines; les exploitations métallurgiques sont très-rares et très-restreintes.

La question du bois de chauffage est donc fort accessoire. A Nice et à Menton, où on en brûle fort peu, puique l'hiver est si court et si doux, on se sert principalement du bois de l'Olivier qui provient des environs, et de celui du Chêne vert, qui provient soit des propriétés particulières du pays, soit de la Provence et de l'Italie.

Ces deux excellents bois, dont la densité et la puissance calorifique sont très-élevées, se vendent généralement 2 fr. 50 cent. les 100 kilogrammes en gros, ce qui fait de 16 à 17 francs le stère.

D'ailleurs, sur tout le littoral, on emploie beaucoup de charbon de bois, que les barques de Toscane et de Sardaigne conduisent dans les ports. Le prix de ces charbons, qui sont de première qualité et qui sont produits par des taillis de Chêne vert, de Châtaignier et de Chêne blanc, exploités en Italie, est de 10 à 11 francs les 100 kilogrammes rendus à Nice.

Le charbon de bois des forêts communales commence à entrer aussi dans la consommation locale des villes; mais cette industrie est toute récente, et cela se comprendra aisément, en ne perdant pas de vue que, jusqu'en 1860, on ne coupait guère dans les forêts que des arbres résineux, dont le charbon est détestable, et ne peut servir qu'à certains emplois déterminés.

Il y a donc peu de temps qu'on a commencé à faire de bon charbon avec le Hêtre et d'autres bois feuillus, et cette industrie est destinée à prendre une assez grande extension.

Les bois de service et d'industrie sont, par conséquent, le principal aliment du commerce actuel.

Les bois de service, qui comprennent plus spécialement les grandes poutres, se composent principalement de Mélèzes.

On a renoncé généralement à découper ces bois précieux en billots de 2 mètres pour faire des planches, quoique les planches de Mélèze aient de précieuses qualités.

Un grand nombre de ces poutres sont flottées avec soin dans les grandes rivières; d'autres, traînées depuis la forêt jusqu'à des dépôts situés au bord des routes, sont ensuite emportées à Nice au moyen de charrettes.

Il faut beaucoup de précautions pour extraire ces belles pièces des forêts; tantôt on peut arriver à un chemin secondaire qui est praticable au traînage (il existe des chemins de cette espèce, dans les communes de Saorge, de la Bollène, etc., et ces chemins rendent les plus grands services); tantôt les adjudicataires construisent, à partir du sommet des montagnes, des sentiers à pente douce et régulière, qui conduisent de la coupe à des points déterminés où la déclivité du terrain est tellement grande qu'on peut lancer de là les bois jusque dans le fond de la vallée.

Les sentiers conduisant aux lançoirs s'appellent des tires dans le langage du pays.

D'autres fois, l'âpreté du sol, où le roc est à la surface, les distances et les ravins ne permettent pas l'établissement des tires. Alors on construit, avec des troncs et avec des pièces de toutes dimensions, des espèces de chemins de schlitte, qui permettent de faire glisser les bois jusqu'au lançoir. Les pièces qui ont servi à établir les chemins de schlitte sont ensuite successivement descendues dans la vallée.

Il ne paraît pas y avoir d'avantage à les conserver pendant plusieurs années pour le service des autres exploitations, car le terrain est si escarpé et si difficile dans les Alpes du comté de Nice, qu'en général dans la même forêt les diverses vallées qui la composent n'ont entre elles aucun moyen de communication.

C'est ainsi que se vident les coupes qui ont une certaine valeur. Le débit de leurs bois se fait souvent aux lieux de consommation. Ainsi de nombreuses scieries existent à Vintimille, près de l'embouchure de la Roya, et à Nice, près de l'embouchure du Var. Mais dans les coupes peu importantes le débit se fait souvent sur place, au moyen du sciage à bras.

Ensuite on descend, soit à dos de mulet, soit à dos d'homme, les planches et les chevrons jusqu'au village le plus rapproché.

Une certaine quantité de scieries mécaniques, à systèmes fort simples, mises en mouvement par les nombreuses chutes d'eau du pays, existe aussi dans les principaux villages, sert à la consommation locale, et permet l'envoi des produits tout façonnés dans les centres commerciaux.

Le débit des bois du comté de Nice a lieu d'une manière fort simple.

Ainsi que nous l'avons déjà dit, on ne fait guère de poutres qu'avec les Mélèzes. Les neuf dixièmes des bois de Sapin, Épicéa et Pin silvestre se scient en billots de $2^m.10$ pour faire des planches, et le surplus en billots de $2^m.50$ à 4 mètres de long pour faire des chevrons. Nous ne mentionnons pas le Pin maritime et le Pin d'Alep dont les produits sont médiocres en qualité et en quantité. On en fait pourtant aussi des planches et des chevrons.

Les poutres ont, généralement, de 6 mètres (minimum) à 10 mètres, et quelquefois plus. La moyenne est 8 mètres. Elles doivent avoir au petit bout au moins 25 centimètres de diamètre (bois toujours écorcé).

On trouve rarement plus de 2 poutres dans un Mélèze; le surplus fait des billots pour chevrons.

Le Mélèze, converti en poutres, de la façon qui précède, et rendu à Nice en magasin, s'y vend sur le pied de 70 francs le mètre cube calculé au quart sans déduction (droits et octroi compris).

Tous les autres bois se vendent par douzaine de planches ou de chevrons. Un bel arbre peut donner 10 billots; 6 billots sont le produit moyen d'un arbre de futaie, d'une *plante* comme on dit dans le pays. Un billot donne, en moyenne, une demi-douzaine de planches marchandes. Ces planches ont 3 centimètres d'épaisseur, 2 mètres de longueur et 20, 25, 30 centimètres de largeur.

La douzaine de planches de 0ᵐ.30 en contient   12
—   de 0ᵐ.25   —   18
—   de 0ᵐ.20   —   24

Les planches se vendent, assorties (exactement comme le Merrain dans le centre de la France), au prix moyen de 9 francs la douzaine à Nice (droits d'octroi compris).

Les chevrons de 2ᵐ.50 se payent 5 f. 50 c. la douzaine.
—   de 3ᵐ.00   —   7 00   —
—   de 3ᵐ.50   —   8 50   —
—   de 4ᵐ.00   —   10 00   —

Nous n'avons parlé que des résineux : on exploite des feuillus pour bois d'industrie depuis trop peu de temps dans les forêts communales pour que les cours des marchandises qu'ils produisent soient établis.

2° CENTRES COMMERCIAUX. — QUALITÉS DES BOIS.

Le principal centre commercial est Nice.

Avant l'annexion, les quantités de bois livrées au commerce par l'imprévoyance de l'administration sarde, dans les forêts du comté, étaient immenses : rappelons qu'en quinze ans, de 1845 à 1859, 426,634 arbres de futaie, soit 28,442 par exercice, ont été vendus par adjudication, sans compter ceux cédés directement par les municipalités à d'innombrables concessionnaires, arbres dont le baron Durante porte le nombre à 10,000 par an.

Or, à cette époque, on bâtissait beaucoup moins à Nice qu'aujourd'hui. Une quantité considérable de matériel restait donc disponible pour l'exploitation.

Foderé raconte que, du temps de la guerre de l'Indépendance de l'Amérique, l'arsenal de Toulon puisa largement dans les vastes forêts du pays quand la marine française fut remise sur le pied florissant où elle se trouva sous le règne de

Louis **XVI**. Ce courant commercial ne s'était pas maintenu, et Nice envoyait, avant l'annexion, peu de marchandises à Marseille et à Toulon.

Les maisons importantes qui existaient alors, maisons dont le nombre est si restreint aujourd'hui et auxquelles on doit l'origine d'une notable partie des grandes fortunes de Nice, envoyaient les bois en Espagne, à Gênes et dans toute la Rivière.

On sait que les nombreuses villes, situées au bord de la mer, au levant et au couchant de Gênes, jusqu'à la Spezzia d'un côté, et jusqu'à Vintimille de l'autre, sont connues sous le nom général de la Rivière de Gênes, ou simplement de la Rivière. L'île de Sardaigne, qui est entièrement dépourvue de bois résineux, tirait aussi de Nice une quantité considérable de planches.

Depuis **1860** les circonstances ont bien changé.

Les coupes ont été moins importantes et plus rares, grâce à l'épuisement des forêts et à la régularité amenée dans les choses.

En outre, les bois du Nord venant directement par la navigation, et les bois de Suisse venant par le Rhône et par le chemin de fer, ont fait leur apparition et ont produit une redoutable concurrence.

Les difficultés du change ont enlevé à la ville de Nice le commerce de la Sardaigne et celui de la Rivière de Gênes ; Marseille, encombrée par les bois du Nord et de la Suisse, n'a pas offert de compensation ; enfin les charpentes en fer, dont on s'était enthousiasmé d'abord, ont enlevé, pendant quelque temps, aux grandes poutres de Mélèzes, le bénéfice des innombrables constructions effectuées à Nice depuis douze ans.

Pourtant les qualités de ces bois sont incomparables. Nous avons vu démolir, il y a huit ans, toutes les vieilles maisons du quai Saint-Jean-Baptiste, qui a été entièrement reconstruit à cette époque. Ces maisons, bâties au bord du Paillon, remontaient, d'après des documents certains, au commencement du xviiie siècle ; toute leur charpente avait été construite en Mélèze avec le luxe qui caractérisait cette époque d'abondance. On voulut utiliser les pièces nombreuses qui en provenaient, et on put constater alors qu'en pelant légèrement ces poutres, qui avaient un assez triste aspect, on trouvait immédiatement, sous cette enveloppe d'une vétusté apparente, un bois admirablement sain, et qu'on eût dit vert et vif, car des gouttes de résine apparaissaient à chaque coup de hache qui dégrossissait les pièces.

La longévité du Mélèze employé aux constructions couvertes, dans un climat aussi sain et aussi sec que celui de Nice, est donc, on peut le dire, indéfinie.

Le Mélèze a pourtant repris faveur auprès du commerce depuis quelque temps : les poutres en fer ne sont plus guère employées que dans les parties basses des constructions. Il faut donc s'attendre à voir les négociants se disputer vivement, dans les adjudications, les coupes fort rares, où l'on pourra trouver une certaine quantité de Mélèzes, car, en outre, cet arbre produit des traverses pour chemins de fer, d'une qualité tout à fait exceptionnelle.

Après Nice, citons Vintimille comme un autre centre commercial. Cette petite ville, située en Italie, à peu de distance de la frontière française, est à l'embouchure de la Roya, rivière qui descend du col de Tende, et dont le volume des eaux, presque constant pendant toute l'année, donne des facilités exceptionnelles pour le flottage.

C'est par là que peuvent y arriver les bois de Moulinet, de Sospel, de Breil et de Saorge, communes françaises qui ont des forêts très-importantes et très-productives, et ceux des deux communes du comté de Nice restées italiennes, Tende et la Briga, qui possèdent des forêts immenses, sur lesquelles nous avons cru nécessaire de dire quelques mots précédemment.

Autrefois, le haut commerce de Nice achetait beaucoup de bois dans la vallée de la Roya, et possédait, à Vintimille, de nombreuses scieries parfaitement situées pour la facilité de la découpe des bois qui arrivaient, non à pied d'œuvre, mais à pied de sciage.

Cette prospérité a un peu diminué. Pourtant les négociants italiens fixés à Vintimille achètent beaucoup de coupes dans les communes françaises et italiennes susnommées: ils ont succédé en partie à l'ancien commerce de Nice; ils approvisionnent toute la Rivière de Gênes et la Sardaigne en particulier.

Notons, en passant, que les bois de l'Adriatique, si répandus dans toute l'Italie par Trieste et Venise, n'ont pas fait encore leur apparition à Nice, comme ils l'ont déjà faite à Gênes et à Marseille.

Nous devons examiner si la concurrence que font les bois étrangers aux bois indigènes, principalement sur la place de Nice, tient à l'infériorité de qualité de ces derniers. A notre avis, il n'en est rien.

Le bois de Mélèze l'emporte sur tous les bois de charpente connus, et son prix, 70 francs le mètre cube rendu à Nice, est réellement modéré.

Si on lui préfère souvent les bois de Suisse, c'est que les Sapins et les Épicéas qui proviennent de ce pays suivent la voie du Rhône ou prennent celle du chemin de fer, auxquelles les conduisent des moyens de flottage très-perfectionnés, ce qui, joint à la beauté exceptionnelle des arbres, permet de conduire, à Marseille et à Nice, des poutres de dimensions colossales, c'est-à-dire mesurant pour 20 et 25 mètres de longueur, jusqu'à 40 centimètres de diamètre au petit bout. On en peut donc faire de magnifiques charpentes, qui sont pourtant bien loin d'avoir la qualité de celles de Mélèze.

Mais, ainsi que nous l'avons dit, l'extrême difficulté de l'extraction et du flottage d'une part, le grand épuisement des forêts de l'autre, rendront fort difficile, pendant longtemps encore, la lutte contre les bois de Suisse, sur lesquels pourtant les bois du pays conservent la supériorité du bon marché.

Les bois du Nord tous composés de Pins et de Sapins, sont très-beaux, très-bien sciés, arrivent à Nice dans un parfait état de conservation, et sont très-faciles à travailler. Aussi sont-ils recherchés par le petit commerce et appréciés en particulier par les ouvriers.

Parmi les bois indigènes, le Sapin et l'Épicéa sont très-supérieurs au Pin silvestre. Ce dernier, quoique bon à une foule d'usages, est moins estimé que les deux autres, entre lesquels on fait aussi une grande différence.

L'Épicéa est de beaucoup préféré par l'industrie locale, qui lui reconnaît plus de légèreté, une fibre plus fine, plus de dureté, et moins de nœuds. L'Épicéa, appelé Serenta dans le pays, peut réellement lutter avec tout avantage contre les meilleurs bois du Nord, et il coûte 30 pour 100 de moins.

Mais ces divers bois offrent le désavantage d'être presque toujours débités en billots de 2 à 4 mètres au plus de longueur, tandis que ceux du Nord ont des dimensions beaucoup plus grandes.

Il résulte de ces observations que les bois du comté de Nice, dans l'état où sont les forêts et avec le traitement qui leur a été infligé depuis des siècles, n'en ont pas moins toutes les qualités nécessaires pour tous les genres de service et d'industrie.

Nous sommes persuadé que, avec un traitement régulier et avec l'amélioration des voies de vidange, les forêts de cette province devront fournir, dans l'avenir, les produits les plus beaux, les plus abondants et les plus recherchés.

3° DE QUELQUES MODES SPÉCIAUX DE VIDANGE.

Nous avons parlé, d'une manière générale, des moyens de vidange des bois dans le comté de Nice. Il nous paraît intéressant de donner quelques détails sur certains procédés spéciaux à cette province.

Rappelons qu'autrefois on employait trois systèmes principaux de vidange :

1° Le petit flottage pour les billots;

2° La découpe sur place et le transport à dos de mulet pour les planches et chevrons ;

3° Le traînage et le grand flottage pour les poutres.

On peut assez rarement se servir du traînage sur la neige, parce que les saisons ne sont pas assez tranchées dans cette partie intermédiaire de la chaîne des Alpes et parce que les hivers, quoique rigoureux, ne sont pas assez longs.

Le traînage, sur le sol, des billots ou des poutres dégrade notablement les forêts et, en détruisant la couche végétale, donne naissance à de nombreux ravins. Il détériore les pièces elles-mêmes.

On lui a substitué avec avantage, depuis peu d'années, l'emploi de petits chariots à roues basses et solides, d'un mécanisme simple et facile, dont l'avant et l'arrière-train peuvent se séparer et se placer aux points convenables suivant la longueur de la pièce.

Leur usage est possible, même dans des tires à pentes rapides, pourvu, toutefois, que les difficultés des lieux ne soient pas trop grandes et que les courbes n'aient pas un rayon trop restreint.

Pour éviter les inconvénients du lançage sur le sol nu, opération plus fâcheuse encore que le traînage, on construit souvent des couloirs en bois dont nous avons déjà dit quelques mots.

Ces couloirs, appelés *incanas*, dans la langue du pays, se font de préférence dans la partie de la forêt où l'on peut obtenir une pente relativement modérée et où, cependant, on ne saurait établir des tires. Les bois sont réunis à un dépôt central et on se sert des produits de la coupe même pour construire le couloir.

Deux ouvriers vont en avant et préparent le terrain sur le tracé convenu; d'autres placent les pièces de bois. On calcule que six hommes peuvent en poser 40 mètres par jour, ce qui correspond au travail des deux ouvriers terrassiers. Le prix de la journée, nourriture comprise, est d'environ 3 francs; cela fait 24 francs pour 40 mètres. Mais il y a quelques frais accessoires, et, de plus, on va beaucoup moins vite quand le terrain est difficile et qu'il faut établir des petits ponts en bois sur les ravins. Aussi le prix des incanas revient-il, en moyenne, à 1 franc le mètre courant.

On pose, de préférence, les bois des cimes et les bois de faibles dimensions au fond du canal, qui a une largeur moyenne de 1^m.30. Il faut trois ou quatre pièces pour former ce fond. Les bords latéraux sont composés chacun d'une pièce seulement, qui est plus grosse. Le frottement altère bien un peu tous ces morceaux de bois, mais le dommage n'est pas sérieux.

Les incanas ont une longueur très-variable suivant les circonstances. Celui établi au canton de Pommeiras, forêt de Saint-Martin-Lantosque, en 1871, avait 240 mètres de longueur, tandis que celui établi à Valdeblore, pour la vidange de la grande coupe de Moliéras, quelques années auparavant, n'avait pas moins de 4 kilomètres.

Ils aboutissent généralement à des ruisseaux flottables.

Les ouvriers employés aux travaux de la vidange des coupes se servent, depuis peu d'années, avec avantage, de quelques-uns des instruments perfectionnés signalés par M. Marchand *dans sa mission forestière en Autriche.* Ce sont le Zerpin, appelé Sapin dans l'idiome local, et les souliers à pointes ferrées. Ils ont été introduits dans le pays, depuis sept à huit ans, par les Bergamasques et les Tyroliens.

La population agricole et forestière du comté de Nice est peu nombreuse, et les bras manquent au moment des grands travaux.

Les Piémontais viennent donc, chaque année, pour la récolte des fruits de la terre, et les Bergamasques pour la coupe des bois. Ce sont des travailleurs habiles, sobres, robustes et industrieux. Ils se chargent des plus pénibles

entreprises. On leur doit l'introduction de beaucoup d'améliorations dans l'exploitation des coupes.

Quand le froid est très-vif, on se sert des incanas la nuit,
parce qu'ils deviennent très-glissants en y introduisant une
certaine quantité d'eau qui se transforme rapidement en
glace, sur laquelle les bois roulent avec facilité.

Quand la saison n'est pas trop rigoureuse, il suffit de
mouiller les pièces qui les composent pour que les bois y
glissent d'une manière suffisante.

Lorsque tous les bois concentrés au dépôt sont descendus
dans le fond de la vallée, on démolit le couloir et on en fait
replier les morceaux sur lui-même.

N'oublions pas de mentionner un essai de vidange au
moyen de très-forts fils de fer, pour arriver à transporter,
au moyen de chariots suspendus dans l'air, les produits
d'une coupe importante, et franchir ainsi rapidement toute
une large vallée.

Cet essai a eu lieu avec succès, il y a peu d'années, dans
les bois de l'Escarène.

Cette méthode est, il paraît, usitée fréquemment dans les
montagnes de la Suisse, notamment à Alpnach, sur les bords
du lac des Quatre-Cantons; elle l'est aussi en Savoie.

CHAPITRE VI.

Produits accessoires des forêts.

Ces produits sont nombreux et variés, et ils sont importants, par suite du revenu, soit en argent, soit en nature,
que les communes propriétaires ou la population en retirent.

1° Paturage.

Le principal de tous est le pâturage, que nous nous contenterons de mentionner aujourd'hui, car cette question a tant d'importance dans le comté de Nice, que nous en ferons l'objet d'une étude particulière.

2° Bois mort et mort-bois.

L'extraction du bois mort et des morts-bois, pour le chauffage des habitants et pour la litière, est une source de bien-être et d'aisance pour toutes les populations riveraines des forêts, car ces produits sont fort abondants, et, dans la plupart des communes, chaque famille est ordinairement autorisée à les ramasser pendant l'année entière, moyennant le payement d'une faible taxe, qui est, en général, d'un franc. Même dans plusieurs localités l'autorisation est accordée à tout le monde gratuitement.

3° Champignons, fraises, framboises, lavande, etc.

Dans beaucoup de communes, la Lavande, les Champignons, les Fraises, les Framboises font l'objet d'adjudications particulières qui sont souvent très-fructueuses, surtout en ce qui concerne la Lavande.

Chacun sait que les Alpes-Maritimes sont, par excellence, le pays des parfums, et que nulle part, en Europe, on ne trouve, en aussi grande quantité, des fleurs odorantes susceptibles de donner, par la distillation, des essences d'un plus grand prix.

Nous ne parlons pas de l'Oranger, de la Rose, de la Violette et du Jasmin, dont la culture ne s'éloigne pas des environs de Nice et de Grasse, et n'a rien de forestier ; mais la Lavande est une plante essentiellement silvicole, qui vient en abondance dans les terrains vagues dépendants des forêts.

Sa récolte annuelle donne beaucoup d'argent, non-seulement aux communes propriétaires du terrain où elle pousse, mais encore aux populations employées à son ramassage. On la distille toujours sur place avec des alambics portatifs.

4° GEMMAGE.

Le gemmage ne se pratique pas dans le comté de Nice; pourtant il existe beaucoup de Pins maritimes dans sa partie méridionale. Pourquoi n'a-t-on jamais pratiqué ou pourquoi a-t-on abandonné cette opération? Serait-ce à cause de l'extrême difficulté du parcours dans un pays aussi tourmenté, ce qui augmenterait beaucoup les frais de résinage? Nous serions porté à le croire, car la résine doit être abondante et de bonne qualité. Pour le Pin d'Alep, le gemmage présente les mêmes inconvénients que pour le Pin maritime; de plus, il paraît que sa résine serait moins abondante.

5° ÉLAGAGE.

L'élagage est un des produits accessoires les plus importants.

Dans la haute montagne, on coupe les branches des Pins et des Sapins, pour les donner au bétail, qui doit souvent s'en contenter en temps de neige, et pour faire de la litière.

Dans la partie méridionale et moyenne du comté, tous les particuliers élaguent à outrance les Pins d'Alep ou maritimes qu'ils possèdent. Pour eux le *nec plus ultrà* de la culture forestière et du progrès est de ne laisser à ces pauvres arbres qu'une ou deux couronnes tout à fait au sommet.

Rien n'est plus triste que l'aspect des bois traités de la sorte. Pourtant la plupart des communes qui en possèdent dans cette région partagent au fond l'opinion des propriétaires, et considèrent généralement un bois comme une propriété destinée à donner d'abord de la litière et de l'herbe pour les bestiaux, et très-accessoirement à produire des arbres.

La grande rareté des fourrages dans la région chaude du comté de Nice, le besoin de litière pour faire de l'engrais, qui est un objet de nécessité absolue pour toutes les cultures du pays, et en particulier pour l'Olivier, expliquent, s'ils ne la justifient pas, cette manière de voir et de procéder.

6° CHABLIS.

Les chablis sont un revenu accidentel, mais parfois très-important des forêts. Nous avons expliqué précédemment qu'il s'en produit le plus grand nombre à la suite des vastes exploitations. Habituellement les chablis se partagent entre les habitants pour les besoins de leur chauffage et pour la réparation de leurs maisons. Quand il y en a beaucoup, on les vend.

L'hiver de **1870** et **1871** a été très-rude, et de véritables ouragans ont dévasté plusieurs forêts importantes. On peut en juger par les chiffres suivants, qui sont exceptionnels :

4,272 chablis ont été vendus dans une seule forêt de la Bollène (celle de la Fraccia) pour **26,250** francs.

2,555 chablis ont été vendus dans la forêt de Maïris, appartenant à la commune de Lantosque, pour **15,400** francs, etc.

7° EXTRACTIONS DE PIERRES, TERRES, SEMENCES, etc.

Les extractions de terres, pierres, minerais, etc., sont très-peu importantes, à cause de l'excessif éloignement des forêts, par rapport aux villages, et de la grande quantité de terrains non boisés où chacun peut y procéder librement.

Les graines et les semences forestières ne font l'objet d'aucun commerce. Pourtant, dans la région du littoral, les cônes de Pins maritimes sont ramassés avec soin, portés à Nice ou à Menton et vendus pour allumer le feu.

8° Pêche.

Il y a peu de choses à dire de la pêche. Les nombreux ruisseaux qui descendent des montagnes, et qui traversent les forêts du comté de Nice, ne contiennent qu'une seule espèce de poisson, la truite.

On la pêche en abondance, surtout quand on peut détourner les cours d'eau pour les mettre à sec.

Ce procédé destructeur est, d'ailleurs, réprimé le plus sévèrement possible. La qualité de la truite est excellente. On rencontre assez souvent la variété dite saumonée.

9° Chasse.

Les montagnes, autrefois si boisées, des Alpes-Maritimes renfermaient beaucoup d'animaux sauvages, dont quelques-uns dangereux ou malfaisants.

A en juger par les traditions et par les noms donnés, de toute ancienneté, à quelques cantons de forêts, il devait y avoir autrefois des ours. Ils ont complétement disparu. Mais les loups sont encore fort nombreux, et, quand la neige couvre avec abondance les hauteurs les plus escarpées, on les voit descendre par bandes dans le fond des vallées et jusqu'auprès des villages. Leur chasse est fort pénible. L'extrême difficulté du terrain rend les battues infructueuses. Il arrive donc rarement que l'on tue ces animaux, qui, favorisés par la présence d'un grand nombre de troupeaux, se sont beaucoup multipliés.

Un de leurs repaires ordinaires, dans l'arrondissement de Nice, est la vaste et difficile forêt de Caïros.

C'est de là qu'ils s'élancent pour leurs excursions éloignées, et c'est là qu'ils trouvent un refuge assuré.

Le renard est également multiplié dans le pays, mais

plutôt dans les petits bois près des villages que dans les forêts proprement dites.

Comme on récolte fort peu de céréales dans le comté de Nice, et que par conséquent on y élève fort peu de volailles, il ne cause pas de grands dégâts aux cultivateurs, mais il détruit le gibier.

On a trouvé quelquefois le lynx ou loup-cervier dans les forêts des environs de Fenestres, à 2,000 mètres d'altitude.

Les martres et les fouines ne sont pas rares dans les bois peu éloignés des villages. Les blaireaux se rencontrent aussi assez souvent.

Le sanglier, si commun dans les montagnes voisines de l'Estérel, parcourt très-accidentellement les Alpes du comté de Nice.

Le chamois s'y voit, au contraire, fréquemment et par troupes souvent très-nombreuses.

Dans la belle saison, il fréquente les forêts les plus élevées de la région alpine. Les rochers les plus escarpés, les ravins les plus dangereux, les glaciers les plus sauvages lui servent de refuge habituel.

Il ne les quitte que pour aller paître avec défiance sur les pelouses les plus voisines, et, à la moindre alerte, il s'y réfugie avec une rapidité inouïe et une agilité vertigineuse. Sa chasse, pour laquelle beaucoup de personnes se passionnent, est aussi pénible que dangereuse. Elle exige une connaissance parfaite des localités et des habitudes de cet animal.

Le chamois est très-abondant dans les environs de Belvédère, de Saint-Martin-Lantosque, de Valdeblore, etc.

Sous tous les rapports, il est le roi *du gibier à poil* de ce pays.

On ne rencontre jamais le bouquetin.

Mentionnons ensuite le lièvre, qui est très-bon et qui se trouve en grand nombre dans certaines forêts (la Fraccia, la Maïris, etc.).

On ne peut le chasser qu'au chien courant, en choisissant

bien son poste. L'espèce ordinaire est celle que l'on rencontre presque partout ; pourtant, le lièvre des Alpes, caractérisé par son pelage blanc, se voit aussi dans les forêts d'Utelle, de Valdeblore, de Belvédère, de Saint-Martin-Lantosque, etc., mais à une grande altitude.

On ne trouve le lapin presque nulle part.

L'écureuil, dont la chair est d'assez médiocre qualité, est très-abondant dans toutes les forêts.

Enfin, terminons par la marmotte, qui se tient plutôt dans les rochers que dans les forêts proprement dites.

Sa station est à une très-grande altitude ; son cri étrange et plaintif étonne le voyageur qui traverse pour la première fois les solitudes immenses de la région pastorale.

En somme, le gibier de poil est fort rare ; il en est de même du gibier de plume, qui, à part les petits oiseaux ne valant pas la peine d'être nommés, ne comprend guère que les perdrix rouges, les bartavelles et les coqs de bruyère.

Les premières se rencontrent partout, mais leur chasse est singulièrement pénible, ce qui se comprend aisément dans un pays à vallées aussi resserrées et aussi profondes. Les perdrix peuvent, en effet, atteindre en quelques minutes une remise où il faudrait des heures pour aller les retrouver. Les bartavelles se tiennent dans les forêts de la région alpine, et plus souvent encore dans les pâturages qui s'étendent au-dessus de ces forêts. La variété si rare dite bartavelle blanche a été signalée plusieurs fois dans les bois de la Gordolasque, au lac de Très-Colpas, dans la forêt du Boréon, et enfin au Mercantour, la montagne la plus élevée de tout le comté de Nice (3,167 mètres).

La chasse du coq de bruyère est intéressante ; elle passionne comme celle du chamois.

Il faut partir la veille, coucher soit dans une vacherie, soit dans une grange abandonnée, souvent au pied d'un arbre ou d'un rocher, pour être en chasse dès la pointe du jour.

Les coqs de bruyère ont déjà quitté à cette heure matinale

les grands arbres sur lesquels ils passent la nuit en sécurité, et sont occupés à chercher leur nourriture sur le sol de la forêt, et en particulier dans ces champs immenses de Rhododendrons, dont la belle fleur orne les paysages alpestres pendant la saison d'été.

Tant que la rosée se maintient, les chiens peuvent les sentir et les faire lever. Mais ce moment favorable ne dure que deux ou trois heures ; aussi la quantité de ce gibier qu'on peut tirer est-elle fort restreinte.

A partir de sept à huit heures du matin, la rosée a disparu, et le coq de bruyère ne bouge plus, quelque bruit qu'on fasse. Si, par hasard, un chien s'approche trop près de lui, il se précipite en courant dans ces inextricables massifs de Rhododendrons où il faut l'abandonner.

Sa chair n'a pas, dans le comté de Nice, une qualité supérieure. L'influence de sa nourriture, composée en partie de bourgeons résineux, se fait trop sentir, et enfin ce n'est pas la grosse espèce qu'on y trouve. C'est le tétras à queue fourchue, appelé vulgairement *faisan* dans toute la région des Alpes, bien qu'il n'ait rien de commun avec le vrai faisan. Il est beaucoup moins gros que le grand tétras.

Néanmoins, le coq de bruyère est le plus beau gibier de plume des forêts du comté de Nice.

Mentionnons les passages de cailles et de bécasses, qui sont parfois très-abondants.

Les oiseaux de rapine sont très-nombreux ; ils se plaisent dans ces immenses solitudes, où ils peuvent facilement choisir des endroits inaccessibles pour faire leurs nids.

Ils font aux petits oiseaux une guerre impitoyable, et partout, à l'horizon, on les aperçoit qui planent silencieusement, prêts à se précipiter sur leur proie.

Le vautour, le faucon, le milan, l'épervier sont les principaux que nous puissions citer. On trouve aussi les aigles de la petite espèce. On a même tué l'aigle royal dans les forêts de Valdeblore, en 1869 ; mais il est très-rare de le rencontrer, même dans les parties les plus sauvages de la montagne.

Nous avons expliqué précédemment qu'une partie du territoire de quelques communes françaises du comté de Nice, notamment de Valdeblore et de Saint-Martin-Lantosque, partie comprise entre les villages et la crête des Alpes, était restée à l'Italie, par suite du traité de mars 1861.

Cette zone réservée, qui touche aux plus hautes sommités des Alpes, est fort giboyeuse; du moins on y rencontre beaucoup de chamois et de coqs de bruyère.

Par suite de titres ou d'anciens usages qui ne nous sont pas bien connus, le roi Victor-Emmanuel prétendrait, nous a-t-on dit, au droit exclusif de chasse dans les forêts communales en question.

Il a établi des gardes-chasse italiens, qui font respecter rigoureusement ces prétentions, et qui ont désarmé souvent les chasseurs français, contre lesquels des procès-verbaux n'auraient pas grand effet.

Le roi habite souvent, pendant les grandes chaleurs de l'été, des chalets qu'il a fait construire à Valdieri et à Entraques, sur le versant nord des mêmes montagnes. C'est de ce côté qu'il chasse le plus souvent, et pour faciliter cet exercice favori il a fait construire et réparer de petits sentiers que peuvent suivre les chevaux barbes au pied sûr et rapide dont il se sert habituellement.

Il se transporte ainsi aux meilleurs postes, et, comme de nombreux traqueurs rabattent les chamois de son côté, il peut les tirer à son aise.

Notons que les communes propriétaires, et particulièrement celle de Saint-Martin-Lantosque, ont toujours refusé de reconnaître les prétentions royales au droit exclusif de chasse dans leurs immenses forêts, et qu'elles ont protesté souvent. Néanmoins, les gardes de Victor-Emmanuel y circulent fréquemment, et le roi vient, dit-on, parfois en personne chasser et pêcher jusqu'au petit lac de Fenestres, situé au-dessus du sanctuaire célèbre de ce nom.

30 octobre 1873.

DEUXIÈME ÉTUDE.

LES REBOISEMENTS.

CHAPITRE PREMIER.

Considérations générales.

Une des questions qui, depuis quelques années, préoccupent le plus l'opinion publique, en France, est celle du reboisement et du regazonnement des montagnes. Elle a une importance toute particulière dans la chaîne des Alpes françaises, dont les Alpes-Maritimes font aujourd'hui partie. C'est dans le but de favoriser l'accomplissement de cette œuvre immense que les lois du 28 juillet 1860 et du 8 juin 1864 ont été combinées.

Il n'entrait pas dans les errements des princes de la maison de Savoie de gêner en quoi que ce fût la libre jouissance des communes. Par conséquent, ils s'étaient peu souciés de conserver les forêts des montagnes du comté de Nice, et encore bien moins d'y faire des reboisements, là où les abus du pâturage avaient détruit toute trace de l'ancienne végétation.

Les travaux de l'espèce, dont l'utilité avait été pourtant reconnue sous le régime sarde par des administrateurs intelligents, à l'initiative desquels nous saurons rendre hommage, n'ont été commencés qu'après la dernière réunion de la province à la France.

Ils ont été tous concentrés dans l'arrondissement de Nice,

et ils comprennent une soixantaine de périmètres séparés. On entend par l'expression *périmètre*, dans le langage du reboisement, une certaine étendue de terrains dépeuplés, que l'on a l'intention de reboiser artificiellement et dont les limites sont déterminées d'avance. Nous serons obligé d'employer souvent cette expression, qui, d'ailleurs, doit être familière à la plupart de nos lecteurs.

La totalité de ces périmètres a été établie dans des terrains appartenant aux communes.

Quelques particuliers ont bien tenté, et avec succès, des reboisements partiels. Mais, s'il faut mentionner ici cet heureux essai de l'initiative individuelle, nous devons reconnaître que les résultats obtenus n'ont pas encore une grande importance. C'est néanmoins un indice favorable du changement qui s'est opéré dans les esprits.

Avant d'entrer dans les détails que comporte le sujet, c'est-à-dire avant d'exposer quelles sont les essences employées qui ont réussi et celles qui ont échoué, quels sont les modes de repeuplement préférables (semis ou plantations), dans quelles saisons et de quelle manière il vaut mieux procéder, etc., nous croyons devoir examiner à fond la question suivante que peuvent se poser bien des personnes.

Le département des Alpes-Maritimes, dans lequel le comté de Nice se trouve compris, est-il un de ceux qui rentrent dans l'application des lois du 28 juillet 1860 et du 8 juin 1864 sur le reboisement et le regazonnement des montagnes?

La réponse doit être affirmative, si on en juge par les sacrifices considérables faits par l'Etat de 1862 à 1867, et continués, depuis cette époque, dans des proportions bien moindres, il est vrai.

Pour celui qui parcourt le pays avec soin, et qui est frappé de l'état de dégradation dans lequel se trouve l'immense majorité des montagnes; pour celui qui a vu de ses yeux les déchirements profonds par lesquels des amas de pierres et de boues se répandent dans les vallées et détruisent les cultures inférieures, déchirements qu'on a désignés, dans le langage expressif du pays, sous le nom de *ruines;* pour celui qui peut se rendre un compte exact de l'appauvrissement progressif des vastes pâturages communaux, et du mauvais état d'une grande partie des forêts ruinées par les abus de la dépaissance et par des exploitations exagérées, il n'est pas douteux que l'œuvre de la restauration des Alpes du comté de Nice, par l'application des lois sur le reboisement et le regazonnement des montagnes, est de toute nécessité et de toute urgence.

A l'appui de cette opinion, nous citerons, d'après la *Revue des eaux et forêts de* 1864, page 163, un article du *Moniteur*, ainsi conçu :

« Le département des Alpes Maritimes est un de ceux qui réclament le plus impérieusement l'application et le bénéfice de la loi du 28 juillet 1860, car, sur la majeure partie des sommets et des versants, la terre végétale tend à disparaître et laisse les rochers à nu, etc., etc. »

Le *Moniteur* exprimait, sans doute, alors une opinion généralement acceptée.

Pourtant, depuis quelques années, une opinion contraire semblerait se faire jour. Dans des sociétés savantes ou spéciales, dont l'autorité est sérieuse, on a mis en avant ce principe, que « *le reboisement des montagnes ne doit avoir pour objet que de régulariser le régime des eaux.* »

Or, aucun grand cours d'eau, arrosant des plaines importantes, ne se trouve dans le comté de Nice, lequel ne possède que deux petits fleuves, savoir :

1° Le Var, qui ne traverse, ainsi que ses affluents, que des vallées peu larges, où les cultures sont restreintes et où, par conséquent, les dommages ont peu de gravité quand ils se produisent ;

2° La Roya, qui, prenant sa source et ayant son embouchure en Italie, n'arrose qu'une faible étendue du pays dans les mêmes conditions que le Var.

On doit donc reconnaître que, au point de vue de l'intérêt

général de la France, la question de la restauration des montagnes du comté de Nice est accessoire; mais elle est très-importante si l'on songe aux intérêts spéciaux du pays lui-même, et si l'on considère dans son ensemble l'œuvre de la régénération des Alpes françaises dont il fait partie intégrante; et, comme les populations qui y sont, il est vrai, le plus intéressées sont trop pauvres pour subvenir seules aux dépenses nécessaires, on se trouvera entraîné, par la force des choses, à classer le département des Alpes-Maritimes parmi ceux qui ont le plus besoin d'être encouragés dans cette voie par tous les moyens possibles.

D'ailleurs notre opinion est conforme à celle que le Conseil général du département a constamment émise, donnant, comme preuve à l'appui, le vote de nombreuses subventions pour encourager les efforts des communes.

N'oublions pas de faire connaître que, pour entourer des plus grands ménagements les populations pastorales nouvellement annexées à la France, on n'a entrepris dans le comté de Nice que des reboisements *facultatifs* et non des reboisements obligatoires. On a pu commencer ainsi plus promptement les travaux, et signaler plus tôt les résultats obtenus; mais cette mesure bienveillante a rendu les combinaisons d'ensemble fort difficiles. Au lieu de concentrer les efforts sur quelques points bien choisis et peu nombreux, on s'est cru obligé d'accepter partout les terrains que les communes consentaient à remettre à l'administration forestière, principalement dans le but de les faire convertir en bois.

Cette conversion était, d'ailleurs, une nécessité de situation; car la plupart des terrains livrés se trouvent compris dans la région *méditerranéenne* et dans la région *moyenne*, où le regazonnement est impraticable, et où la restauration des montagnes ne peut se faire que par le reboisement proprement dit, ou par le rebroussaillement.

Sans doute, on ne manqua pas de faire des barrages partout où des ravins traversaient les périmètres; en outre, sur plusieurs points le terrain fut préparé spécialement pour protéger les grandes routes et pour éviter aux voyageurs le danger de la chute des pierres roulantes; mais, en résumé, les travaux de reboisement exécutés dans le comté de Nice, de 1862 à 1867, ont eu pour but principal la création de nouveaux bois, et ceux exécutés depuis lors n'ont été que le complément et l'entretien des premiers.

Les travaux neufs ont été suspendus en 1867, parce que les communes, voyant la restriction dans l'exercice du pâturage que le reboisement leur apportait, ont renoncé momentanément à donner de nouveaux terrains et ont déclaré vouloir attendre, avant de continuer, que les reboisements déjà effectués fussent défensables.

On n'a fait des essais de regazonnement que dans deux communes, et les résultats obtenus sont peu apparents.

Il est donc bien établi qu'avant tout on a voulu créer de nouveaux bois, et nous pouvons dire qu'on a réussi.

Les travaux ont été conduits, de 1863 à 1867, avec entrain et activité; des sentiers établis avec intelligence ont rendu les périmètres abordables. Des pépinières locales ont été établies en grand nombre dans des endroits bien choisis; même une vaste pépinière centrale a été créée dans le voisinage de Nice. Le personnel spécial, agents et préposés, n'a pas fait défaut; enfin on a obtenu des crédits considérables.

Pourtant l'espoir, d'abord conçu, de créer des reboisements à bon marché, dans le comté de Nice, ne s'est pas réalisé. Il ne faut pas se faire d'illusion sur ce point. L'extrême difficulté de la préparation du sol, qui a besoin d'un défoncement complet et profond; le grand nombre de ravins à éteindre dans les périmètres; la nécessité de soutenir la terre végétale par des murs en pierres sèches; le besoin d'entretien et de renouvellement pendant des années là où on devait croire à la réussite la plus complète, ont rendu les reboisements coûteux dans le comté de Nice, et les mêmes causes produiront toujours les mêmes effets.

Aussi, quoique, dans l'avenir, l'expérience du passé doive

servir d'utile leçon et faciliter l'économie; quoique, dans le présent, l'entretien et le complément de la plupart des périmètres se fassent au moyen des sommes les plus modiques, il faut en prendre son parti; le reboisement coûtera toujours cher dans ce pays, d'autant plus que la région méditerranéenne et surtout la région moyenne, où l'on ne peut faire que du reboisement proprement dit, sont fort grandes, et que dans les régions alpestre et alpine du comté de Nice le regazonnement nous paraît devoir occuper une place moins importante que dans le surplus des Alpes françaises, opinion que nous nous réservons de développer dans notre étude suivante sur les pâturages.

Le degré d'avancement des travaux du cadastre ne permettant pas de connaître la contenance exacte d'une partie des périmètres, on ne peut calculer d'une manière rigoureuse leur prix de revient à l'hectare. Mais, en totalisant les dépenses en argent, la valeur des subventions en nature et les frais divers, nous pensons que la moyenne ne dépassera pas 250 francs.

En résumé, on a créé une certaine quantité de bois nouveaux, répartis dans une soixantaine de périmètres, dispersés dans tout l'arrondissement de Nice. Une partie de ces périmètres se rattache à des forêts voisines, ou même les complète ; mais le plus grand nombre constitue des petits massifs isolés dans les régions *moyenne* et *méditerranéenne*. Si cette marche dans les travaux a été suivie, c'est sans doute dans le but de faire partout des essais et des expériences.

Le système que nous allons proposer, en supposant, pour faciliter notre argumentation, qu'il eût été applicable dès l'annexion, n'a donc point pour but de critiquer le passé ; nous voulons seulement expliquer ce que, suivant nous, il y aurait lieu de faire à l'avenir.

Nous acceptons sans réserve la nécessité où l'on s'est trouvé, dans le comté de Nice, de créer de nouveaux bois et de n'avoir que des périmètres facultatifs.

La première question à résoudre avant de créer partout

de nouveaux bois était, il nous semble, de bien asseoir le régime forestier. Un décret du 10 octobre 1860 avait, il est vrai, soumis à la loi française, en bloc et d'urgence, tous les bois des communes précédemment soumis à la loi sarde ; mais les noms des cantons étaient seuls indiqués dans les états dressés en vertu de cette loi, leurs limites étaient incomplétement désignées, et les contenances tout à fait erronées.

Le régime forestier français avait donc besoin d'être assis d'une manière définitive dans le comté de Nice, et c'est ce qui a eu lieu plus tard, en 1866 et 1867.

Mais on comprend combien il eût été avantageux d'avoir fait cette opération avant de commencer les travaux de reboisement. Les grandes masses forestières étant nettement séparées (à défaut de cadastre), du surplus des propriétés communales, par des limites naturelles, telles que des vallées, des crêtes, des ravins, des ruisseaux, des bancs de rochers, on eût pu opérer par voie amiable et facultative dans ces nombreux vacants provenant des abus du pâturage, dans ces vides immenses provenant des exploitations exagérées, dans ces vastes ravins provenant ou du lançage des bois ou de la chute des avalanches, terrains qui sont la dépendance triste, mais obligée, des forêts du comté de Nice.

Les travaux de repeuplement eussent été plus faciles, parce qu'on y aurait retrouvé toujours quelques ressources en plants, en rejets de souches, en drageons, et surtout en terre végétale.

Les massifs voisins auraient fourni des graines, dont un grand nombre se seraient répandues naturellement et auraient prospéré dans des terrains préparés par la culture.

La mise en défense et les travaux artificiels auraient facilement restauré les parties ruinées ou compromises de la plupart des forêts. Celles soumises au régime forestier comprennent de 30 à 40,000 hectares. On voit quel vaste champ était ouvert aux travaux que nous signalons, et quels résultats on aurait pu obtenir en y consacrant les sommes qui ont été dépensées pour le reboisement !

Ce système, qui aurait présenté des avantages presque comparables à ceux offerts par les reboisements obligatoires, aurait eu pour conséquence la facilité de faire de nombreuses coupes extraordinaires ; on eût pu sacrifier une quantité d'arbres mûrs ou dépérissants ou desséchés par l'isolement, qu'on est obligé de conserver comme porte-graines ou plutôt comme témoins de l'existence de la forêt et comme gardiens de ses limites ! Tout le monde y eût trouvé son avantage, et nous sommes persuadé que ce sera le meilleur système à suivre quand on voudra reprendre sur une grande échelle l'œuvre de la régénération des montagnes du comté de Nice.

Qu'on ne dise pas que les forêts doivent régénérer les forêts et que le reboisement n'a pas à s'occuper de leur amélioration, qu'elles donnent des revenus et que c'est aux communes propriétaires à améliorer leurs bois avec le produit des coupes et au moyen des mises en charges. Sans doute, il y a possibilité de faire par ces moyens quelques améliorations partielles ; mais, à notre avis, la restauration sérieuse des forêts communales soumises au régime forestier nous paraît être la première obligation de l'œuvre du reboisement, et cette restauration produirait dans le comté de Nice les meilleurs résultats.

Revenons aux travaux du reboisement tels qu'ils ont été exécutés. Les périmètres ayant été établis pour la plupart dans la région *méditerranéenne* et dans la région *moyenne*, il est à remarquer que les forêts auxquelles on peut les rattacher n'ont qu'une importance secondaire.

En outre, on peut constater que plus on s'éloigne des villages, plus on s'écarte de l'action de l'homme, moins le sol a été abîmé par les abus de toute sorte, et plus il est facile de le rétablir.

Or, en concentrant les reboisements dans les régions les plus peuplées et en acceptant souvent des terrains très-voisins des villages, on a eu non-seulement à vaincre la difficulté très-grande de régénérer des sols complétement ruinés, mais encore, après avoir dépensé beaucoup de zèle, d'intelligence et d'argent pour créer de petits massifs boisés, on n'a excité le plus souvent dans les populations, qui voyaient, chaque jour, près d'elles les périmètres se regarnir de verdure, que le désir immodéré d'en jouir de suite pour le pâturage et pour les extractions de litière. Les réclamations ont donc été nombreuses.

On a autorisé seulement les extractions de litière, toujours assez dommageables ; mais les populations n'ont pas été complétement satisfaites.

La situation s'améliorera bientôt, car on peut calculer dans la région méditerranéenne, et peut-être dans la région moyenne, que, pour les reboisements bien réussis au début, une période de neuf à dix ans sera suffisante pour les livrer au parcours des moutons, sans dommages trop sérieux, quand on a eu la bonne inspiration d'employer les essences résineuses. Il faudra malheureusement beaucoup plus de temps là où on s'est servi des essences feuillues, dont la croissance est bien plus lente.

Il est vrai que, par la vue de ces reboisements placés si près des villages, on a eu la satisfaction de pouvoir se dire : nous avons frappé l'esprit des populations ; les résultats sont visibles et palpables pour tout le monde ; les personnes les plus hostiles sont converties au reboisement ; elles croient à la possibilité de l'œuvre, etc., etc.

Tout ceci est juste, mais il ne faut pas s'en exagérer l'importance.

Il résulte de cet exposé que l'opération du reboisement tentée dans le comté de Nice, prise dans son ensemble, comme conception et idée générale, est difficile à définir et à expliquer, à moins de supposer qu'on a voulu faire partout des essais en vue d'une grande opération à continuer ultérieurement. Sous ce rapport, les travaux faits ont une utilité incomparable. C'est sous ce point de vue que nous allons examiner successivement et avec le plus grand soin les nombreuses questions de culture forestière auxquelles la grande variété de conditions dans lesquelles se trouvent les soixante périmètres repeuplés donne un intérêt tout particulier.

Procédons avec ordre, c'est-à-dire par régions.

CHAPITRE II.

Considérations culturales.

1° RÉGION MÉDITERRANÉENNE.

(*Première section, sous-région chaude.*) — La sous-région chaude de la région méditerranéenne est caractérisée par le Caroubier et le Figuier de Barbarie.

Elle comprend un très-petit nombre de communes parmi lesquelles nous citerons celles de Nice, Villefranche et Eza, dans lesquelles des essais de reboisement ont été tentés.

Le *Palmier* (plantation). — Le Palmier est presque indigène, car il pousse en pleine terre à une faible distance de Nice, à quelques kilomètres de la frontière d'Italie, dans le beau village de la Bordighiera, où il constitue à lui seul des petits bois bien venants.

Il a été essayé au mont Boron, reboisement très-important effectué au territoire de Nice et dont nous aurons souvent occasion de parler; mais il y pousse avec lenteur, ce qui tient probablement à la nature du sol argileux et sec.

Le Palmier paraît exiger un sol profond et sablonneux comme celui du désert d'Afrique et comme celui de la Bordighiera.

Il prospère dans les jardins des environs de Nice. Pourtant ses régimes ne paraissent pas arriver habituellement à une maturité complète.

7

Le *Grevillea robusta* (plantation).—Cet arbre exotique, introduit en assez grande quantité au mont Boron seulement, présente un certain nombre de sujets très-bien venants. Les plants mis en terre depuis environ sept ans, à l'époque de la présente observation, c'est-à-dire en **1873**, ont de 3 à 4 mètres de hauteur et 24 centimètres de circonférence moyenne. Ils paraissent exiger beaucoup de fond et un bon sol. Leur feuillage, agréable, élégant, est demi-persistant. L'essai a été heureux.

Le *Caroubier* (semis). — Cet arbre a de grandes exigences, car il n'a réussi complétement que dans les parties les plus abritées de la sous-région qu'il caractérise. Ainsi, au mont Boron, les essais ont manqué dans tout le versant est, qui est exposé à des vents fréquents. La même chose est arrivée, et pour les mêmes motifs, dans tout le périmètre du cap Ferrat, commune de Villefranche, qui est situé à une altitude encore plus faible que le mont Boron, car il s'étend sur cette presqu'île basse et longue qui sépare la rade de Villefranche de la mer d'Eza, et de plus le voisinage immédiat de la mer paraît peu convenir au Caroubier.

Il vient assez bien dans le périmètre de Soleillat, même commune, dont l'altitude est d'environ **300** mètres, et surtout dans celui du cap Roux (d'Eza), qui est très-abrité et dont l'altitude ne dépasse pas **100** mètres.

Mais sa végétation est très-languissante à Paccanaglia (Villefranche), reboisement situé au-dessus de la route de la Corniche, à environ **450** mètres d'altitude. Nous sommes persuadé qu'il ne s'y maintiendra pas. Même observation pour le périmètre de la Forna (Eza), qui se trouve dans des conditions analogues.

Enfin il a complétement manqué à la Costa-Pelada de Tourrette, et au clap de Touët-Escarène, périmètres qui s'éloignent, il est vrai, de la région qui lui est propre et dont l'altitude est de **500** et **600** mètres.

Il résulte de ces faits que les stations où le Caroubier peut prospérer sont très-rares et que, même dans sa région, il redoute les grands vents et les expositions relativement froides; pourtant il n'est pas difficile sous le rapport du sol. Il aime les terrains calcaires, même quand ils sont pierreux. Mais sa croissance ne devient rapide qu'au moyen d'une culture soignée.

Nous sommes complétement d'accord, au sujet des diverses observations qui précèdent, avec M. le duc d'Ayen, qui cite, dans son intéressant Mémoire sur la culture du Caroubier en Algérie, l'opinion de M. Robillard, agronome français établi à Valence (Espagne), lequel a eu l'occasion de bien étudier cet arbre dans cette partie de la région méditerranéenne.

L'*Eucalyptus* (plantation). — Cet arbre n'a été essayé qu'au mont Boron et à l'ancienne pépinière centrale du Var, près de Nice.

Quatre variétés s'y remarquent : le Globulus, le Robusta et l'Oppositifolia, qui ont, tous les trois, beaucoup d'analogie dans leur port et dans leur aspect général, et le Neumani, qui a une grande élégance, des feuilles beaucoup plus petites que celles des précédents, et qui dans son ensemble ne leur ressemble point. Les autres variétés connues, qui sont fort nombreuses, n'ont pas encore pu être essayées.

La variété la plus répandue au mont Boron et dans les environs de Nice est le Globulus. Tous les sujets proviennent de plantation. Ils sont élevés d'abord dans des caisses, puis dans des pots, et enfin on peut les mettre en pleine terre vers l'âge d'un an, après un repiquement ou, mieux, un dépotage.

Il faut, dans les caisses et dans les pots, de la terre meuble et légère. On a obtenu ce résultat au mont Boron en mélangeant la terre naturelle avec un tiers de sable.

Les jeunes Eucalyptus paraissent redouter le vent, car ils sont faiblement enracinés. En cas de bris de la tige, accident assez fréquent, on les recèpe, et ils repoussent merveilleusement, en formant soit des cépées puissantes, soit de magnifiques rejets.

Nous avons vu au mont Boron un rejet unique provenant d'une souche recepée qui avait, à l'automne suivant, 3ᵐ.30 de hauteur, et à la pépinière du Var, un rejet unique âgé de 2 ans qui avait 7 mètres de hauteur.

Les sujets recepés étaient âgés de 7 à 8 ans.

Le mouvement de la séve paraît ne pas s'arrêter pendant l'année entière, et la floraison se prolonge depuis l'automne jusqu'à la fin du printemps. Pourtant on croit remarquer un certain ralentissement au mois de février et au mois de juin.

Les graines récoltées au mont Boron et à la pépinière centrale du Var sur des plants de 6 à 8 ans ont donné des semis très-vigoureux dont on s'est déjà servi avec avantage.

Les capsules contenant les graines tombent surtout en août et septembre. Les graines sortent sans efforts des capsules en faisant sécher ces dernières au soleil. Il est donc assez facile de les recueillir, et de plus on voit qu'elles doivent se répandre naturellement sur le sol. Pourtant il semblerait, même dans la région si chaude où nous nous trouvons en ce moment, que les jeunes plants ont besoin de soins particuliers dans leur enfance, car nous n'avons remarqué aucun semis naturel sous les arbres à semence, ni au mont Boron, ni à la pépinière du Var, où le sol est pourtant cultivé, ni même dans les jardins de Nice, où l'Eucalyptus a été fréquemment planté, et où quelques personnes prétendent, néanmoins, avoir vu des graines provenant des arbres mêmes donner naissance à de jeunes semis.

La question de l'acclimatation de cette essence remarquable est donc loin d'être résolue.

Remarquons que le voisinage immédiat de la mer paraît nuisible à l'Eucalyptus et terminons par quelques observations sur la floraison.

Les boutons des fleurs des Globulus se montrent vers juin ou juillet. La floraison commence en novembre, est complète en hiver et se prolonge jusqu'à la fin du printemps.

Les graines peuvent être récoltées aux mois de juillet et d'août suivants.

Le bouton a à peu près les dimensions d'un très-gros gland renversé dont la capsule serait à l'extrémité pendante. Il a la forme d'une pyramide à quatre faces et l'attache à la branche a lieu par le sommet. Quand la fleur doit s'épanouir, la capsule qui ferme la base de cette petite pyramide tombe naturellement, et on voit apparaître une fleur blanche régulière, fort jolie, de 3 à 4 centimètres de diamètre.

L'Eucalyptus Neumani paraît fleurir plus tôt, c'est-à-dire vers le mois d'août ; il en est de même de l'Oppositifolia et du Robusta. Leur inflorescence est en grappe et toutes les parties de leurs fleurs présentent les mêmes caractères que celles du Globulus, sauf qu'elles sont beaucoup plus petites.

Les fleurs, les feuilles et le bois de l'Eucalyptus ont une odeur particulière, *suî generis*, très-forte et très-caractéristique, mais agréable, qui n'a point d'analogue dans nos végétaux indigènes.

Enfin ces arbres renouvellent, chaque année, à l'automne, leur écorce ; on dirait d'énormes serpents changeant de peau.

Outre les qualités de son bois, si précieuses par sa rapide croissance, on affirme que l'Eucalyptus aurait le singulier privilége d'être, comme le Quinquina, un fébrifuge puissant. Nous comprenons que des plantations de cet arbre doivent arriver promptement, par suite de leur puissante végétation, à assainir les terrains humides et malsains où on pourrait en faire, et que dès lors les fièvres deviennent plus rares dans ces nouvelles conditions. Mais il paraîtrait, en outre, que son bois, ses feuilles, son écorce exerceraient, dans des conditions encore peu connues, l'action fébrifuge dont nous avons parlé et constitueraient un nouveau médicament très-précieux.

Ce serait heureux pour le comté de Nice ; on pourrait

ainsi, par de nombreuses plantations d'Eucalyptus, rendre habitable la vallée inférieure du Var, qui est infestée par les fièvres intermittentes les plus tenaces et les plus dangereuses. Cette entreprise serait tentée avec d'autant plus de chances de succès que l'Eucalyptus prospère complétement dans cette région. On a déjà beaucoup écrit sur l'Eucalyptus et sur les chances de succès que son introduction peut avoir tant en France qu'en Algérie. Nous renvoyons, pour ces détails, aux brochures assez nombreuses qui traitent de cette question, en faisant observer que nous avons voulu nous borner aux observations qu'il nous a été permis de faire à son sujet dans le comté de Nice.

Malgré les développements qui précèdent, nous sommes loin d'être enthousiaste de l'acclimatation quand même, et adoptant les principes si sagement exposés dans l'ouvrage de M. Mathieu, dont nous avons déjà parlé, nous croyons qu'en fait de reboisement sérieux les essences indigènes anciennes doivent jouer un rôle à peu près exclusif, et qu'il ne faut admettre qu'avec la plus grande réserve, à titre d'essences indigènes nouvelles, des espèces qui exigent souvent un siècle pour être bien connues.

(*Deuxième section, région méditerranéenne proprement dite.*)—L'*Olivier* (semis).—Cet arbre, qui caractérise la région actuelle, mais qui appartient exclusivement à l'agriculture, n'a été introduit dans aucun périmètre. Il est venu spontanément au mont Boron, ce que nous expliquons plus loin. Il ne paraît pas s'élever à une altitude qui dépasse 700 mètres. C'est à la Bollène que nous avons trouvé personnellement sa station la plus haute, et encore faut-il observer qu'à cette altitude il exige une exposition très-abritée.

Le *Pin pinier* (plantation). — Le Pin pinier a été essayé, avec succès, au mont Boron, et nous donnerons quelques détails à son sujet en décrivant ce reboisement. Observons aussi qu'il a merveilleusement réussi à l'ancienne pépinière centrale du Var.

Le terrain de la pépinière est riche, frais et profond, et semble convenir parfaitement au Pin pinier. Pourtant les beaux résultats obtenus au mont Boron, où la terre est de bonne qualité, mais où elle est rare et exposée à la sécheresse, prouvent que divers sols lui conviennent également.

Le *Mélia azédarac* (plantation). — Cet arbre, qui a réussi au mont Boron, a végété médiocrement dans les barrages des périmètres de Trinité-Victor et sur quelques autres points où il a été essayé partiellement. C'est regrettable, car il pousse rapidement, il revient bien de souche et il drageonne beaucoup.

L'*Ailante* (plantation). — Les plantations d'Ailante ont échoué au mont Boron, à cause de l'extrême sécheresse, et aussi à Eza et à Peillon, par les mêmes motifs. Ces périmètres font partie de la région méditerranéenne. Elles ont réussi médiocrement dans les barrages de la Trinité-Victor ; assez bien dans ceux de Berre, de Coaraze et de Lévens, où elles ont trouvé un peu de fraîcheur. L'Ailante n'a pu se maintenir dans le reboisement de la Bollène, dont le sol est médiocre et sec ; mais il a parfaitement pris dans celui de Berthemont, où il a trouvé du fond et un sol frais. Ces derniers reboisements sont situés dans la région moyenne.

Il est regrettable que les plantations de cette espèce remarquable par une foule de qualités bien connues, et qui aime les terrains calcaires, aient généralement échoué dans le comté de Nice.

Le *Robinier* (plantation). — Le Robinier a très-bien réussi à la Trinité-Victor, à Tourrette, à Peillon, dont les périmètres font partie de la région chaude ; il a réussi généralement dans la région moyenne, notamment à Coaraze. Plusieurs remarques cependant doivent être faites à propos de cette essence qui a toujours été introduite par voie de plantation, et qui viendrait aussi très-bien par voie de semis.

La première, c'est son insuccés complet dans les vastes reboisements de Sospel qui, situés à environ 1,000 mètres d'altitude moyenne, sont très-exposés aux vents froids et à l'influence des neiges. Le Robinier semblerait donc justifier ainsi les craintes qui ont été souvent conçues sur son inaptitude à végéter dans les stations froides et élevées.

Pourtant, et c'est ici la seconde remarque que nous voulions faire, de très-nombreuses plantations de Robiniers, faites à l'automne de 1869 et au printemps de 1870, dans le périmètre de Torron, appartenant à la commune de Saint-Martin-Lantosque. ont parfaitement résisté aux froids et aux neiges des hivers derniers, quoique le périmètre soit situé à environ 1,100 mètres d'altitude et se rattache aux plus hautes montagnes du comté de Nice.

Il faut donc de nouvelles expériences pour être complétement fixé sur l'emploi définitif de cette essence qui, dans des conditions favorables, est incontestablement de la plus grande utilité pour repeupler les terres infertiles et pour soutenir les barrages.

Chêne vert (semis). — Le Chêne vert, qui est une des essences caractéristiques de la région méditerranéenne, réussit également, au moins dans le comté de Nice, dans presque toute la région moyenne, et même dans des périmètres que l'on pourrait, à la rigueur, placer dans la région alpestre, à n'en juger que par leur altitude.

Il présente dans tous les périmètres de la région chaude une lenteur de végétation bien marquée pendant les premières années. Citons, comme exemple, les périmètres de Nice, Villefranche, Trinité-Victor, Tourrette, Peillon, etc.

Il a mieux végété à Coaraze et à Lévens, dont les périmètres sont situés à une altitude de 1,000 à 1,400 mètres.

Le Chêne vert a également bien pris à Duranus et à Lantosque, à une altitude de 700 à 1,000 mètres, ainsi qu'au périmètre de Mouttetas, commune d'Utelle, dont l'altitude dépasse 1,000 mètres.

Le *Pin maritime* (semis et plantation). — Il caractérise

non-seulement la région méditerranéenne, mais aussi le région moyenne où on le rencontre partout, sauf pourtant dans les situations trop froides et trop exposées au vent, ce qui ne dépend pas toujours de l'altitude. Cette essence est si importante et joue un si grand rôle dans les reboisements, par l'extrême bon marché de sa graine et par une foule de qualités bien connues, que nous croyons nécessaire d'entrer dans quelques détails.

La méthode du semis a été généralement employée. Le succès a été complet au mont Boron; dans les divers périmètres de Tourrette, à Peillon, à Coaraze, où l'altitude est pourtant de 1,000 mètres; à Lévens, où elle atteint 1,400 mètres; à Duranus, 700 mètres; à la Crivella de Breil, 500 mètres; à la Cima de Moulinet, 1,100 mètres; à Braüs-de-Luceram, 1,000 mètres; à Perdighiera de l'Escarène, 600 mètres; au mont Chauve d'Aspremont, 850 mètres; dans les périmètres de Mouttetas, Clapp et Crestas, de la commune d'Utelle, de 900 à 1,150 mètres; à Roquebillère, enfin, 900 mètres, etc.

Mais son succès a été incomplet à Berre (650 mètres), où le sol est exceptionnellement mauvais; à Pivola de l'Escarène, 750 mètres; et à Blaquieras du Touët, 600 mètres, où le sol est extrêmement pierreux et infertile.

Ces échecs partiels paraissent dus à des circonstances purement locales. Nous attachons plus d'importance à l'échec qu'il a subi dans les vastes reboisements de Sospel, aux environs du col de Braüs.

Des semis considérables de cette essence avaient été faits en cet endroit, dès l'année 1862, à peu de frais et avec un succès complet en apparence.

Il avait suffi, pour cela, de jeter de la graine dans des terrains communaux cultivés par des concessionnaires, ce qui évitait les dépenses de la préparation du sol.

On était invité à semer du Pin maritime sur ce point, car les forêts voisines sont, en grande partie, composées de cette essence.

La réussite parut complète pendant les premières années; mais, dès qu'une série d'hivers un peu rigoureux eut fait sentir son influence, ces beaux semis, courbés sous le poids de la neige et du givre, perdirent peu à peu leur vigueur, et disparurent successivement de toutes les parties les plus mal exposées.

Ce qui reste est situé sur les pentes tournées vers le midi et susceptibles de recevoir l'action bienfaisante des rayons solaires.

Nous attribuons aux mêmes causes l'insuccès du Pin maritime dans les reboisements de Belvédère, dont l'altitude est de 800 et 1,050 mètres.

Enfin, après avoir prospéré pendant plusieurs années dans le reboisement de la Bollène, 900 mètres, nous l'avons vu beaucoup souffrir du froid en 1870 et tendre depuis lors à disparaître.

Le Pin maritime, malgré les insuccès que nous venons de signaler dans quelques périmètres, n'en a pas moins rendu d'immenses services dans les reboisements du comté de Nice, et il caractérise, comme on le voit, non-seulement la région chaude, mais encore la région moyenne presque entière.

Notons, en passant, les difficultés que présentent les reboisements proprement dits, quand on opère sur des terrains complétement nus et séparés des forêts, et quels obstacles on rencontre à bien asseoir de jeunes semis ou de jeunes plantations, des mêmes essences pourtant que celles des forêts les plus voisines et dans des conditions de sol et d'altitude identiques.

Le *Pin d'Alep* (semis et plantation). — Terminons la série des essences qui caractérisent la région méditerranéenne par la plus importante de toutes, au moins dans le comté de Nice, c'est-à-dire par le Pin d'Alep.

Introduit par voie de semis, principalement, dans les périmètres du mont Boron, de Villefranche, d'Eza, de Trinité-Victor, de Tourrette, de Peillon, dont les altitudes varient de **100** à **600** mètres, il a parfaitement réussi, et il y constitue la majeure partie des peuplements.

Il en est de même au mont Chauve d'Aspremont, à **850** mètres d'altitude. Mais ce point élevé est près du littoral et fait réellement partie de la région méditerranéenne.

Nous n'avons qu'un succès douteux à signaler, c'est à Coaraze. Ce reboisement, qui est remarquablement beau, est situé à une altitude d'environ **1,000** mètres, sur le versant est du Ferrion. De magnifiques semis de Pin d'Alep âgés de 7 à 8 ans en faisaient le plus bel ornement et occupaient une portion considérable des **72** hectares qui forment son étendue.

Favorisés par des hivers doux, ces jeunes plants avaient atteint jusqu'à 1^m.50 de hauteur ; on aurait pu les croire à l'abri de tout danger : il n'en était rien.

L'hiver si rigoureux de **1870** à **1871** les a cruellement éprouvés. Terrassés par la neige, puis par des gelées succédant à des dégels, on eût dit, au printemps suivant, que le feu les avait détruits. Tous ne sont pas morts pourtant, et la sève d'août a réparé une grande partie du mal.

Mais supposons qu'un second hiver semblable les éprouve de nouveau d'ici à peu d'années, nous croyons qu'ils auront de la peine à résister. Ils ne seront hors de danger qu'une fois arrivés à 3 ou 4 mètres de hauteur, et encore seront-ils toujours dans une station qui, en somme, ne leur convient pas. Il ne faut donc pas chercher à introduire à de grandes altitudes cette essence, qui semble appartenir exclusivement à la région méditerranéenne proprement dite.

2° RÉGION MOYENNE.

La région moyenne, qui s'étend de **600** à **1,000** mètres d'altitude dans l'ensemble du massif des Alpes, et de **700** à **1,200** mètres dans le comté de Nice, renferme, comme principales essences indigènes, le Chêne rouvre, le Châtaignier, divers feuillus, et dans sa partie supérieure, le Hêtre et le Pin silvestre, mais peu de Sapins, lesquels n'apparaissent guère avant 1,300 mètres dans les Alpes-Maritimes, tantôt seuls, tantôt mélangés avec les Epicéas.

Le Pin d'Alep se voit encore à 850 mètres, et les Chênes verts se rencontrent jusqu'à 1,400 mètres dans les expositions qui leur conviennent.

Le Chêne rouvre s'étend dans toute la région, et le Châtaignier de 700 à 1,000 mètres d'altitude.

Voici les principales essences indigènes et exotiques qu'on a tenté d'introduire dans les repeuplements de cette région.

Le *Chêne rouvre* (semis). — Cette essence a déjà été essayée dans la région méditerranéenne, y compris la sous-région chaude. Nous avons cru plus convenable d'attendre la région moyenne pour en parler.

Les essais ont été peu heureux au mont Boron, où on en a semé beaucoup : la trop grande sécheresse y rend sa végétation lente.

Le Chêne rouvre, ou Chêne blanc, comme on l'appelle vulgairement dans le pays, a été introduit dans les reboisements par voie de semis. Il vient assez bien à Peillon et à Tourrette, dont les périmètres sont situés dans la région méditerranéenne, mais il y pousse trop lentement.

Sa végétation est également pénible dans les périmètres de l'Escarène, du Touët, de Breil, de Moulinet, de Sospel, de Lantosque, de la Bollène, tous compris dans la région moyenne. Il a pourtant très-bien levé, et il s'y soutient énergiquement ; mais il a le plus grand besoin de binages, de recepages, en un mot, d'entretien.

Il a réussi à Coaraze, à Lévens, à Duranus, dans les périmètres de Mouttetas, de la Clapp et de Crestas (Utelle), dont le sol plus calcaire et moins herbeux a exigé moins d'entretien. Il a échoué en partie dans les périmètres de Scandolier et de Manoïnas (Utelle), pour des raisons qui n'ont rien de général, et enfin il a réussi d'une manière exceptionnelle dans les reboisements de Belvédère.

Ces derniers périmètres se rapprochent de la région alpestre, car ils atteignent, en moyenne, de 800 à 1,300 mètres d'altitude.

Le sol de plusieurs d'entre eux est fort bon et semblable à celui des bois de Chênes situés dans le voisinage ; par conséquent, on a été entraîné à choisir le Chêne comme une des principales essences à employer pour le repeuplement.

D'ailleurs, dans le comté de Nice, il n'est pas difficile sous le rapport des stations, du sol et de l'exposition.

Malgré toutes ces qualités, le Chêne blanc n'en présente pas moins de graves inconvénients pour les reboisements artificiels, lorsqu'il s'agit de repeupler des terrains complétement nus comme ceux des périmètres qui précèdent.

Ces inconvénients sont d'abord son extrême lenteur de croissance ; des sujets de 7 à 8 ans végètent à 25 ou 30 centimètres du sol, tandis que des résineux du même âge atteignent jusqu'à 2 et 3 mètres de hauteur. C'est ensuite la nécessité de cultiver, de biner le sol ; sans cela, les plus beaux semis sont envahis et étouffés par les plantes parasites.

Les repeuplements en Chêne pur, même dans les pays où il est la base des forêts et dans les sols qui lui conviennent le mieux, présentent des difficultés extrêmes et occasionnent de grandes dépenses. Aussi nous pensons que, dans le comté de Nice comme dans le centre de la France, on aurait dû, dans le but d'avoir plus tard du Chêne, repeupler d'abord le sol avec des essences auxiliaires, telles que le Pin maritime, le Pin silvestre, le Pin d'Alep, essences destinées à reconstituer la terre végétale et à faire place ensuite au Chêne.

Il est à remarquer, d'ailleurs, que cette essence n'a pas, dans le Midi, la même valeur pécuniaire que dans le Nord, parce qu'elle peut rarement atteindre des dimensions convenables, et qu'il faudrait, pour cela, des siècles.

Nous croyons donc que, dans le comté de Nice, il faut préférer les résineux aux feuillus, parce que la croissance

des premiers, bien plus rapide, donne des résultats plus
avantageux, et parce que les résineux n'exigent point d'entretien régulier pendant plusieurs années après réussite
complète, ce qui est non-seulement une économie, mais
encore une grande facilité administrative.

Essences feuillues diverses (plantation). — Nous nous
arrêterons peu sur un certain nombre d'essences feuillues
qui ont été essayées sur bien des points, et généralement
avec peu de succès.

Ce sont les Ormes, les Frênes, les Erables, les Charmes,
les Noyers, etc.

Ces différentes espèces, que l'on retrouve partout dans le
comté de Nice, principalement dans la région moyenne,
auraient pu réussir, et quelques-unes, celles surtout employées dans les barrages, ont donné des résultats satisfaisants. Elles ont prospéré à Berre et à Roquebillère ; mais
elles ont disparu à Sospel, à Lantosque, à Bollène, à Saint-
Martin-Lantosque, etc.

Nous croyons que la cause de ces insuccès tient à l'origine
des plants. Ils provenaient tous de la pépinière centrale du
Var, vaste établissement sur lequel nous reviendrons avec
détails, et échangeaient un sol gras, fertile et humide contre
les terrains nus, secs et brûlés de la montagne; ils devaient
donc périr nécessairement.

Le *Châtaignier* (semis). — Le Châtaignier, qui appartient
exclusivement à la région moyenne, s'y montre partout dans
le comté de Nice, dès que le sol lui convient, c'est-à-dire
quand il est frais et sablonneux. Cet arbre ne constitue pas
des forêts proprement dites, et il se cultive pour son fruit.
Les taillis de Châtaigniers sont inconnus dans le pays. La
grande facilité pour se procurer des graines, et les qualités
bien connues du Châtaignier, devaient engager à rechercher
sa propagation. Mais le désir d'être agréable aux communes
propriétaires, et une connaissance peut-être incomplète de
ses exigences, n'ont pas rendu assez scrupuleux sur le choix
des terrains qu'on a cru pouvoir lui convenir, terrains qui,

en somme, sont assez rares, car on ne les rencontre que de 500 à 1,000 mètres d'altitude. D'ailleurs, depuis des siècles, les meilleurs sont occupés par la culture de cet arbre, que les populations intelligentes de leurs intérêts ont cherché à propager.

Aussi a-t-on échoué au Touët, à la Bollène, à Venanson, à Saint-Martin et à Belvédère. Après avoir très-bien levé et même prospéré pendant quelques années, les plants ont dépéri et disparu peu à peu malgré des binages et des recepages faits avec soin.

Les jeunes Châtaigniers ont besoin d'abri, ils craignent le froid comme le soleil, et nous avons remarqué, sur plusieurs points, notamment à Berthemont (Roquebillère), que les semis avaient le mieux réussi dans les terrains déjà garnis de cépées de coudriers qu'on s'était contenté de couper rez terre au moment du reboisement et qui avaient repoussé; et même les plus beaux plants étaient ceux qui se trouvaient presque sous les coudriers.

Le Châtaignier s'est bien soutenu dans les périmètres de Raiset et Clot (Lévens) et de Duranus.

Ces deux périmètres contigus ont une altitude d'environ 700 mètres au versant nord.

Il a réussi dans le reboisement de Lantosque, mais il a besoin d'entretien.

Il végète péniblement au Bosco de Breil (1,100 mètres); ici nous pensons que l'altitude est trop élevée.

En résumé, cette essence si intéressante n'a pas donné tous les résultats qu'on en a espérés, et, vu les rares terrains qui lui plaisent, il y a lieu d'en restreindre beaucoup l'emploi dans les repeuplements.

Pin silvestre (semis et plantations). — Le Pin silvestre caractérise, dans le comté de Nice, la partie supérieure de la région moyenne, et toute la région alpestre, où il occupe des étendues considérables. On a tenté de l'introduire ordinairement au moyen de semis, assez souvent aussi au moyen de plantations provenant des pépinières locales.

Le petit nombre de périmètres établis sur les limites de la région moyenne et de la région alpestre explique comment cette essence précieuse n'a pas été employée davantage.

Pourtant elle a réussi dans les périmètres de Bosco (Breil), de la Cima (Moulinet), de Sospel, de Lantosque, de la Bollène, de Manoïnas (Utelle), à des altitudes moyennes de **1,000** à **1,300** mètres. Il y a également de beaux sujets à Duranus et à Lévens. En somme, les insuccès constatés sont rares et tiennent à des causes purement accidentelles. Ils ne peuvent aucunement diminuer le rôle considérable que cette essence doit jouer dans les reboisements de l'avenir.

Le *Pin d'Autriche* (semis et plantation). — Son congénère le Pin noir d'Autriche, dont on connaît les grandes qualités, a été essayé avec un certain succès. On l'a employé avantageusement pour regarnir, pendant ces dernières années, les périmètres de Roquebillère, de Saint-Martin-Lantosque, de la Bollène, d'Utelle, de Moulinet et de Sospel. Il a réussi dans les terrains calcaires du Ferrion (Lévens) à une altitude de **1,400** mètres.

Le mode du semis a été généralement adopté. Il eût été, sans doute, préférable de planter. Remarquons que les chaleurs de **1870** ont fait beaucoup de mal aux jeunes plants, même à de grandes altitudes.

On pense que l'emploi de cette essence peut amener les meilleurs résultats. C'est un arbre de lumière, il aime les sols calcaires, il doit donc trouver sa station dans les Alpes-Maritimes.

Le *Cèdre* (plantation et semis). — Le Cèdre a été généralement essayé dans la même région que le Pin noir et le Pin silvestre. Cet arbre, célèbre depuis l'antiquité, est un de ceux sur l'introduction desquels il est difficile de se prononcer.

Quelques sujets végètent assez bien au mont Boron dans

la région chaude, ce qui peut tenir aux soins particuliers dont ils sont l'objet:

On voit de beaux Cèdres dans les jardins des environs de Nice. Ceux que nous y avons remarqués chez M. le comte Laurenti-Roubaudi et qui appartiennent aux deux variétés du Liban et de l'Atlas peuvent être âgés de 25 à 30 ans. Ils ont déjà 12 à 15 mètres de hauteur et plus d'un mètre de circonférence. Ceux du Liban sont un peu plus beaux que les autres; ces arbres ne craindraient donc pas la chaleur.

Dans la région moyenne, on en voit quelques beaux échantillons au mont Chauve d'Aspremont, à 850 mètres d'altitude, il est vrai, mais près du littoral et dans une situation chaude. Un grand nombre de Cèdres avaient été plantés dans ce périmètre vers 1864. Beaucoup ont disparu; mais ceux qui restent sont bien venants, ils ont plus d'un mètre de hauteur.

A en juger, au contraire, par ce qui s'est passé dans les autres périmètres où on l'a essayé, le Cèdre craindrait le froid dans le comté de Nice.

Des semis faits avec soin et avec de bonnes graines ont complétement échoué à Braüs de Luceram, à 1,000 mètres d'altitude. Des jeunes sujets introduits dans les périmètres de Bosco (Breil), de la Cima (Moulinet), du Torron (Saint-Martin-Lantosque), tous situés environ à 1,100 mètres d'altitude, ont complétement disparu.

La cause de cet insuccès presque général dans la région moyenne, qui paraîtrait le mieux convenir au Cèdre, est difficile à expliquer. On peut admettre que les froids de l'hiver portent préjudice aux jeunes plants, par suite de la protection insuffisante des neiges; mais la vraie raison ne serait-elle pas la sécheresse habituelle du sol dans les montagnes de ce pays, où cette essence ne trouve probablement pas la fraîcheur des nuits et les rosées abondantes de l'Afrique et de la Syrie?

8

3° Région alpestre.

Cette région, ainsi que nous l'avons expliqué, ne commence guère, dans le comté de Nice, qu'à 1,200 ou 1,300 mètres au-dessus du niveau de la mer. C'est seulement à cette altitude qu'on rencontre le Hêtre, le Sapin et l'Epicéa, en massifs le plus souvent mélangés.

Quelques périmètres situés dans les communes de Breil, d'Utelle, de Moulinet et de Saint-Martin-Lantosque pourraient, à la rigueur, s'y rattacher, quoiqu'ils dépendent, d'une manière bien plus certaine, de la partie supérieure de la région moyenne. Un seul périmètre, celui de Saorge, situé à environ 1,500 mètres d'altitude, peut y être réellement compris.

Ces circonstances expliquent comment nous aurons si peu de choses à dire sur les essences employées, dans cette région, aux travaux de repeuplement.

Le *Hêtre* (semis). — Des semis de Hêtre ont été essayés, sur une trop petite échelle et trop récemment, pour que nous puissions indiquer plus qu'une expérience.

L'*Epicéa* (semis et plantation). — Les semis et les plantations d'Épicéas ont complétement échoué, notamment à la Cima de Moulinet.

Cela tient, sans doute, quant au semis, à la mauvaise qualité des graines venant du Nord; il eût été préférable d'en acheter dans le pays.

Il paraît que beaucoup de graines d'Épicéas ont été semées, de 1865 à 1867, dans divers périmètres se rattachant à la région alpestre.

Ces semis n'ont laissé aucune trace apparente.

L'insuccès des plantations n'a pas de cause qui nous soit bien connue.

Dans le cas de travaux neufs importants nous pensons qu'il sera préférable de créer des pépinières volantes avec les graines du pays et d'essayer la plantation, mode qui a été peu employé jusqu'à présent et qui est bien plus sûr.

Le *Sapin* (semis). — Nous avons les mêmes observations à présenter à propos du Sapin, qui a complétement échoué dans le reboisement de Saorge, où le sol lui convient pourtant à merveille. Cette essence a été peu employée.

4° RÉGION ALPINE.

Aucun périmètre n'a été complétement établi dans cette région, qui ne commence guère avant 1,700 à 1,800 mètres d'altitude.

Les essences qu'on y rencontre dans le comté de Nice sont le Mélèze, le Pin à crochet et le Pin cembro.

Le *Mélèze* (semis). — Le reboisement de Carran (Saorge), dont l'altitude moyenne est de 1,500 mètres, mais dont quelques parties peuvent être plus élevées, est le seul qui se rapproche de la région alpine. L'introduction du Mélèze y a été tentée par voie de semis, mais avec un insuccès complet.

Cela tient-il à la qualité des graines? nous l'ignorons. Ces graines provenaient du commerce. Le sol avait été parfaitement préparé, et, quoique les autres graines forestières qu'on y a semées n'aient pas levé non plus, il est un exemple de l'avantage que présente la proximité des forêts. En effet, entouré de tous côtés par les bois de Saorge, le reboisement de Carran, par suite de la seule mise en défens et malgré l'insuccès complet des semis essayés, a vu son sol, qui avait été ameubli, se regarnir peu à peu d'une végétation ligneuse secondaire, au milieu de laquelle de bonnes graines apportées par le vent, par les oiseaux, ou par toute autre cause, ont commencé à germer et à préparer le retour des vraies essences forestières.

Sans l'opposition de la commune, qui refuse, depuis plusieurs années, de demander des subventions, ce périmètre serait aujourd'hui dans un état très-satisfaisant et à peu de frais.

Le *Pin à crochet* (semis). — On a tenté de faire des

semis de cette essence dans des conditions qu'on croyait favorables; mais ces semis ont laissé peu de traces. Quelques plantations n'ont pas donné de résultats plus apparents.

Le Pin cembro n'a pu être essayé, car l'altitude d'aucun des périmètres ne lui convient.

CHAPITRE III.

Description des principaux reboisements.

Dans les environs immédiats de Nice, quelques beaux reboisements ont été effectués dans les périmètres de Solleillat et de Pacanaglia (commune de Villefranche), de Papaton (Trinité-Victor), de Costa-Pelada (Tourrette), et du mont Chauve (Aspremont).

Tous ceux qui connaissent cette contrée, si bien partagée sous tant d'autres rapports, sont frappés de l'aspect nu et désolé que présentent la plupart des montagnes qui limitent le bassin riant et cultivé au milieu duquel la ville de Nice est assise. Cet aspect tend à se modifier, par suite des travaux ci-dessus.

Le sommet du mont Chauve commence à se garnir d'une végétation visible de loin, et dès à présent les résultats obtenus à la Costa-Pelada sont très-apparents, même à une grande distance. Ce reboisement, où le Pin d'Alep domine, est d'une beauté rare.

Celui du mont Boron, sur lequel nous donnerons des détails complets, est un des plus remarquables travaux de l'espèce entrepris dans la région méditerranéenne.

Dans la région moyenne, nous devons citer, en suivant la direction de la grande route de Turin, les divers périmètres de l'Escarène; celui de Coaraze, dont nous avons déjà parlé et qui est fort remarquable dans son ensemble, malgré l'introduction des Pins d'Alep à une altitude trop élevée ; celui de Braüs (Luceram), où le Pin maritime a réussi à près de 1,000 mètres d'altitude.

Les reboisements de Sospel, d'une contenance de plus de 200 hectares, doivent être signalés, parce que ce sont les plus vastes entrepris sur le territoire d'une seule commune. Les difficultés provenant de l'infertilité du sol et de la situation froide en ont rendu malheureusement la réussite incomplète.

Le périmètre de la Cima (Moulinet) est mieux reboisé.

Le Pin silvestre y prospère à 1,200 mètres d'altitude, ce qui est sa station normale dans le comté de Nice.

Le périmètre de Bosco, à Breil, a de l'importance, et son succès peut être considéré comme assuré.

En revenant sur nos pas et repartant de Nice par la route de la Vésubie, nous trouvons à Lévens quatre périmètres d'une contenance totale d'environ 100 hectares, fort beaux et bien réussis ; le Pin maritime, le Chêne vert, le Pin d'Autriche y dominent.

Celui de Duranus, très-peu étendu, est également un succès. En face se développe le beau reboisement de Mouttetas, commune d'Utelle, où dominent le Pin maritime, le Chêne vert et le Chêne rouvre, à environ 1,000 mètres d'altitude.

Nous rencontrons ensuite ceux de Lantosque, de la Bollène, de Belvédère et de Roquebillère, tous dans la région moyenne, mais se rapprochant en partie de la région alpestre. Ces divers périmètres offrent de très-belles parties ; pourtant il faut les compléter et les entretenir.

Terminons cette nomenclature par la description détaillée des travaux entrepris au mont Boron.

La ville de Nice a fait beaucoup de sacrifices pour s'embellir et pour offrir aux voyageurs les ressources et les agréments les plus variés ; mais une des principales améliorations qui aient été entreprises et conduites à bonne fin depuis quelques années est assurément le reboisement de la montagne, autrefois aride et dénudée, qui s'élève entre le port de Nice et la magnifique rade de Villefranche, et qui est connue sous le nom de mont Boron.

Cette montagne ou colline, dont les pentes assez rapides sont, en moyenne, de 50 pour 100, et dont l'altitude est d'environ 200 mètres, appartient en grande partie à la ville de Nice, qui a pu livrer aux travaux de reboisement près de 65 hectares.

Le baron Durante, dans sa *Chorographie du comté de Nice*, publiée en 1847, donne les renseignements suivants sur le mont Boron :

« De vastes forêts de Sapins et de Mélèzes couvraient jadis les flancs et les hauteurs de nos montagnes. Les collines elles-mêmes étaient tapissées de Pins jusqu'aux bords de la mer. Un document tiré des annales de la ville de Nice en fait foi ; il rappelle qu'en 970 les consuls firent détruire par le feu l'épaisse lisière boisée qui existait sur les hauteurs de mont Alban et de mont Boron, parce que les Sarrasins, établis à la pointe de Saint-Hospice, venaient s'y embusquer pour surprendre les cultivateurs des environs et les piller. Aujourd'hui, *cette étendue n'offre plus qu'un ensemble de roches nues.* »

« Ces terrains sont tellement dégradés par les pluies et les orages, qu'au premier coup d'œil on les croirait improductifs ; mais, en étudiant les mystérieux bienfaits de la nature, on reconnaît qu'elle ne leur refuse pas la propriété de se prêter à la végétation de certaines espèces. »

Les travaux de reboisement indiqués comme de la plus haute utilité dans l'ouvrage ci-dessus n'ont été pourtant commencés qu'en 1862. On peut les considérer comme complétement terminés aujourd'hui.

Les premiers essais ne furent pas heureux.

L'administration forestière française, à peine organisée,

n'avait pas eu le temps d'étudier les méthodes exigées par les circonstances locales.

On avait le désir de faire beaucoup, de peu dépenser et de réussir promptement.

Le sol, composé d'une masse de rochers calcaires séparés les uns des autres par des filons de terre argileuse, était nu et desséché, exposé au vent de la mer, et en particulier au siroco brûlant du désert d'Afrique. Sous l'influence de cette idée, admise par beaucoup d'hommes du métier, que la culture du terrain favorise son desséchement, on gratta assez superficiellement la mince couche végétale ; des trous peu profonds, assez espacés et de petite dimension, furent creusés dans la terre, et on y sema une grande quantité de graines de Pin maritime et de Pin d'Alep mélangés.

L'insuccès fut complet. Les chaleurs brûlantes de l'été firent disparaître rapidement tous les jeunes semis.

La leçon profita, et l'on comprit deux choses :

La première, c'est que les semis seuls sont fort chanceux, et que les plantations doivent jouer un grand rôle dans les reboisements de cette sorte.

La seconde, c'est que le défoncement du sol doit être proportionné au degré de desséchement auquel il est exposé pendant les chaleurs de l'été.

Comme le périmètre du mont Boron se trouve, sous ce rapport, dans les conditions les plus défavorables, il fallut non-seulement faire des trous très-profonds, dans lesquels la mine dut être parfois employée, mais encore leur donner une grande étendue, afin d'empêcher l'envahissement des plantations forestières par les herbes voisines.

La végétation qui se développe spontanément au mont Boron se compose principalement d'Euphorbes, d'Alaternes, de Myrtes, de Lentisques, de Pistachiers, de Thyms, de Romarins, de Cystes, etc., etc.

Depuis la destruction des forêts de Pins qui les couvraient autrefois, c'est-à-dire depuis des siècles, ces terrains servaient au pâturage, et se louaient même fort cher pour la

saison d'hiver (1,500 francs en dernier lieu). Toute apparence de végétation était immédiatement dévorée par de
nombreux troupeaux de moutons et de chèvres. L'état des
choses s'aggravait donc chaque jour.

La mise en défens du périmètre et l'interdiction de faire
de la litière favorisèrent la reprise de cette végétation naturelle, qui a atteint un développement remarquable et qui a
donné les meilleurs résultats en constituant sur presque
tous les points un sous-bois assez complet.

En fait d'essences résineuses à introduire, on a tout
d'abord pensé au Pin d'Alep, arbre naturellement désigné
par ses qualités spéciales, et qui est très-répandu dans le
voisinage de Nice même.

Des plantations par touffes faites, tantôt par bandes, tantôt
par trous, et des semis nombreux faits simultanément, ont
introduit le Pin d'Alep, en grande quantité et avec un succès
complet, dans tout le périmètre.

On tenta d'y introduire aussi d'autres essences résineuses,
mais le succès a été fort inégal.

Le Pin maritime a généralement réussi et se trouve aussi
très-répandu ; le Pin pinier, sur lequel nous reviendrons,
a réussi encore mieux.

L'élévation des plus anciennes plantations de Pins d'Alep
et de Pins maritimes est, sur beaucoup de points, de 4 à
5 mètres. L'élévation moyenne de ces deux essences, qui
marchent à peu près également, est d'au moins 3 mètres
dans tout le périmètre, et la croissance de leurs pousses
annuelles peut être maintenant évaluée à 50 centimètres.

Le Pin du Mexique, le Pin des Canaries, le Casuarina
(originaire d'Australie), les Cèdres ont donné de beaux résultats ; mais les sujets introduits sont en trop petit nombre
pour pouvoir influer sur la constitution du massif.

Au contraire, le Cyprès pyramidal, arbre pourtant indigène, et le Sequoïa gigantea, essayés, il est vrai, sur une
bien petite échelle, n'ont pas réussi.

En fait de résineux, le grand succès a été obtenu par le

Pin pinier : nul autre n'a montré la même vigueur, la même énergie à résister aux ardeurs de l'été, la même puissance de végétation, la même rapidité de croissance, la même aptitude à couvrir le sol.

Malheureusement, quand ses merveilleuses qualités ont pu être constatées, la majeure partie du reboisement était déjà terminée, et on n'a pas pu lui donner dans le peuplement l'importance à laquelle il aurait eu droit.

La hauteur des Pins piniers les plus âgés, plantés depuis environ six ans, est de $1^m.50$; ceux, très-nombreux, plantés depuis quatre à cinq ans dépassent déjà 1 mètre. Ces observations ont été faites à l'automne de 1873.

La méthode du semis n'a pas été employée avec cette essence dont la graine est rare et chère ; car, par diverses raisons, le Pin pinier, qui peut pourtant être considéré comme un des arbres indigènes de la Provence, tend à disparaître de cette contrée. Les plants ont été préparés à la pépinière locale du mont Boron et mis en place ordinairement à 1 an. Ils ont parfaitement réussi partout, et les pertes ont été fort rares, tandis qu'il a fallu renouveler souvent jusqu'à deux ou trois fois les plantations ou semis, faits pourtant avec les mêmes soins et avec de bonnes essences, sur beaucoup de points du même périmètre.

Après les essences résineuses qui forment le fond du repeuplement, on a songé aux essences feuillues à titre de complément d'abord, et plus tard d'ornementation.

Le Caroubier, originaire d'Afrique, est acclimaté depuis longtemps dans les environs de Nice. Les Sarrasins l'introduisirent dans cette région chaude et abritée qui s'étend depuis le Var jusqu'à la frontière d'Italie, pendant qu'ils occupaient la presqu'île de Saint-Hospice. Cet arbre était naturellement désigné à cause des qualités de son bois, de son épais feuillage et de ses fruits précieux. Il a fallu n'employer que la méthode du semis. Les jeunes plants élevés en pépinière et qui pivotent considérablement n'ont jamais pu subir la transplantation, quelques précautions qu'on ait prises. Le succès a été complet dans toutes les parties à l'abri des vents d'est.

Beaucoup de Caroubiers ont atteint déjà des dimensions assez fortes pour pouvoir être greffés, opération qui a généralement très-bien réussi et qui a porté sur 12 à 1,500 sujets. Les plus âgés ont environ 9 ans; ils ont déjà de 3 à 4 mètres de hauteur moyenne. La greffe revient à 3 francs le cent.

Le Chêne vert et le Chêne-liége ont été essayés; mais les chaleurs ont arrêté leur végétation qui laisse à désirer. On trouve, d'ailleurs, très-rarement le Chêne-liége dans le comté de Nice où le sol ne lui convient pas.

Les plantations d'Ailante ont été tentées sur une grande échelle. Au moins 40,000 plants de haute tige, provenant de la pépinière du Var, ont été plantés vers 1866 et 1867. Malgré tous les soins possibles, ils ont dépéri rapidement; quelques rares sujets dispersés çà et là témoignent encore seulement de l'intention qu'on a eue d'introduire cette essence. Il est probable que le sol n'a pas assez de fraîcheur. Si l'on considère qu'aux promenades du château de Nice, où il y a beaucoup de terre, les Ailantes sont très-beaux, on serait porté à penser que la profondeur de la couche végétale a fait défaut au mont Boron; mais nous persistons à croire que l'insuccès de l'Ailante tient surtout au desséchement du sol qui aurait une profondeur suffisante sur bien des points pour le faire prospérer.

La preuve de ce que nous avançons est que l'Eucalyptus, dont les diverses variétés exigent un sol profond, a réussi dans beaucoup d'endroits du mont Boron où l'Ailante a échoué. Sans doute, les Eucalyptus n'y ont pas pris les mêmes dimensions qu'à l'ancienne pépinière du Var, où l'on voit des allées de jeunes sujets de 8 à 9 ans présentant une circonférence de 1 mètre et plus à la base, et une hauteur moyenne de 16 à 18 mètres. L'action des vents et les sécheresses brûlantes de l'été ont modéré l'essor de leur végétation qui n'en est pas moins encore fort remarquable. Ils forment au mont Boron quelques massifs particuliers et le plus souvent sont dispersés au milieu du peuplement. La hauteur des sujets de 8 à 10 ans est de 10 à 15 mètres, et leur circonférence moyenne de 80 centimètres à 1 mètre.

Pour remplir quelques vides et pour varier les essences, un certain nombre d'autres feuillus, tels que le Micocoulier, l'Erable, le Robinier, le Charme, l'Orme, ont été essayés par voie de plantation ; ils ont généralement échoué, insuccès qu'on doit attribuer aux extrêmes sécheresses de l'été.

Au contraire, deux autres espèces ont parfaitement réussi ; l'une est exotique, c'est le Mélia-Azédarac ou Lilas des Indes qui, planté sur les bords des routes, s'y est développé rapidement et les orne, au printemps, de ses fleurs élégantes.

L'autre essence est indigène et s'est introduite en grand nombre naturellement et sans aucune culture, il s'agit de l'Olivier sauvage.

Les terrains communaux de la ville de Nice ne contenaient pourtant pas d'Oliviers avant leur reboisement, mais la mise en défens et la végétation herbacée et demi-ligneuse qui en a été la suite ont singulièrement amélioré le sol, et, comme tout à l'entour se trouvent de nombreuses propriétés particulières plantées d'Oliviers, on peut croire que ces jeunes plants, qui se sont montrés spontanément au mont Boron, et qui sont peut-être au nombre de 2,000, dispersés un peu partout, proviennent de fruits apportés par les oiseaux ou par les animaux qui en sont friands.

Quelques-uns de ces jeunes plants sont déjà assez forts pour avoir pu supporter l'opération de la greffe, qui paraît devoir bien réussir ; ils ont, en moyenne, 1 mètre de hauteur.

C'est ainsi que le périmètre du mont Boron contiendra, dans l'avenir, un peuplement non-seulement mélangé de feuillus et de résineux, mais encore d'essences forestières proprement dites, et d'arbres agricoles susceptibles de donner un produit par leurs fruits, tels que le Pin pinier, le Caroubier et l'Olivier.

D'autres espèces analogues à ces dernières y ont été introduites avec un égal succès, mais en très-petit nombre; ce sont le Figuier commun, la Vigne, l'Oranger, et le Néflier du Japon. Enfin, dans les endroits complétement dépourvus de terre végétale, le Figuier de Barbarie ou Cactus, l'Aloès, les Ficoïdes, ont très-bien garni le sol, et près du kiosque central, le Géranium a pu être introduit en pleine terre comme plante vivace; ses fleurs brillantes, qui persistent pendant plusieurs mois, font le plus agréable contraste avec la teinte généralement sévère de la végétation méridionale.

On voit, par ces détails, qu'il serait difficile d'avoir une plus grande variété et une plus grande rareté d'essences et d'espèces qu'au mont Boron. Il est à peu certain que ce reboisement est unique et qu'aucun autre ne peut lui être comparé. Aussi offre-t-il un intérêt tout particulier aux forestiers, aux botanistes et aux touristes nombreux, soit français, soit étrangers, qui viennent le visiter, et qui en sont vivement impressionnés.

Pour les touristes, il offre l'avantage particulier de présenter des points de vue magnifiques et d'être percé d'excellentes routes praticables aux voitures.

Une voie principale traverse tout le périmètre, depuis la nouvelle route de Villefranche jusqu'à la vieille route du même nom. Les pentes régulières, qui ne dépassent pas 5 à 6 pour 100; la largeur qui est, en moyenne, de 5 mètres entre fossés; le bon état de la chaussée qui est parfaitement empierrée; de puissants murs de soutènement, des parapets solides en font une magnifique promenade aussi sûre qu'agréable, d'où le regard embrasse les sites les plus beaux et les plus variés.

On a d'abord, en partant du palais fantastique d'un Anglais, le colonel Schmidt, palais bâti dans le style de ceux de l'Inde, la vue complète du port de Nice, dominé par son ancien château et de toute la ville assise gracieusement sur les bords de la mer. Plus loin est la baie des Anges, qui s'étend jusqu'à Antibes dont on aperçoit parfaitement les maisons et les forts ; derrière la presqu'île d'Antibes, la vue s'étend jusqu'au golfe Juan et jusqu'à l'île Sainte-Marguerite où fût enfermé le mystérieux personnage connu sous le nom de Masque de fer. Le fond du paysage est fermé de ce côté par les montagnes de l'Estérel, dont les profils foncés se détachent à merveille entre une mer et un ciel d'azur.

Du côté opposé, au pied du mont Boron même, se trouve la magnifique rade de Villefranche, séjour habituel des escadres américaines de la Méditerranée, et refuge ordinaire de la marine marchande pendant les tempêtes et les coups de vent assez fréquents dans ces parages. Un peu plus loin, est la mer d'Eze, avec les côtes de Saint-Jean et de Saint-Hospice. D'immenses masses de rochers empêchent de voir Monaco, mais la vue s'étend au delà des frontières de France jusqu'au charmant village de la Bordighiera, célèbre par ses nombreuses plantations de Palmiers, et dont on aperçoit de loin les blanches maisons reflétées par les flots de la mer.

En face, est la vallée du Paillon, où se développe une grande partie de la ville et de la banlieue de Nice, avec toutes ses villas et leurs jardins remplis d'Orangers, entre lesquels on distingue les clochers du couvent si bien situé de Saint-Pons et les ruines romaines de Cimiez.

Au fond, en plein nord, s'étagent successivement des montagnes de plus en plus élevées dans les flancs desquelles se dessine la célèbre route de la Corniche. A ces montagnes en succèdent d'autres encore plus hautes, derrière lesquelles on aperçoit enfin les sommets couverts de neiges perpétuelles qui ferment l'extrême horizon.

Tel est le magnifique coup d'œil dont jouit le touriste qui parcourt tranquillement en voiture les 3,725 mètres dont la route carrossable se compose.

Le piéton éprouve des jouissances plus vives, car il peut profiter de plusieurs kilomètres de charmants sentiers récemment ouverts, et non-seulement beaucoup mieux apprécier les travaux de reboisement, mais encore profiter de points de vue de détail très-intéressants et d'échappées ravissantes.

L'établissement de ce système de viabilité a coûté 28,688 francs, qui ont été entièrement payés par la ville de Nice, soit, pour 3,725 mètres, 7 fr. 70 seulement par mètre courant. Cette dépense est bien faible ; elle témoigne de l'extrême économie apportée par les agents régisseurs dans la gestion qui leur est confiée, et, quand on la compare au prix de revient des chemins vicinaux ou des routes départementales dans la même région, il est permis de se féliciter du résultat.

Pourtant, nous devons ajouter que le système de viabilité ci-dessus a été établi presque en entier sur des terrains appartenant à la ville, et que la plupart des personnes dont il a fallu traverser les propriétés ont concédé généreusement le droit de passage gratuit. Il a donc fallu très-peu dépenser en achats de terrains.

Il n'existe pas au mont Boron de maison forestière pour loger le garde chargé de la surveillance. Cette utile amélioration, qui sera assez coûteuse, pourra se faire plus tard. On a suivi le sage précepte *de planter d'abord pour bâtir après*.

Néanmoins on a créé, à peu de frais, au moyen d'un ancien moulin à vent, un kiosque d'où la vue est admirable, et l'ancienne maison d'habitation du meunier a été restaurée de manière à pouvoir servir de magasin pour les outils et de refuge pour les préposés.

Au moment des grands travaux de plantation, plusieurs pépinières assez importantes avaient été créées pour les besoins du périmètre.

Dans l'une d'elles, un vaste bassin a été creusé pour recevoir les eaux pluviales. C'est autour de ce bassin, abrité de la violence du vent par un banc de rochers élevés, qu'ont été plantées la plupart des essences exotiques et indigènes employées à titre d'essai.

Des bancs en pierres, siéges rustiques, ont été mis à la

disposition des nombreux promeneurs, qui se réunissent généralement sur ce point, où l'on trouve, plus qu'ailleurs, de la fraîcheur, de l'ombre et de l'abri.

Les autres pépinières servent encore, en partie, pour les derniers regarnissages.

On comprend que des travaux aussi importants, aussi variés, exécutés avec autant de soin, et souvent recommencés plusieurs fois, ont dû coûter fort cher. Aussi n'est-ce pas sous le rapport de l'économie que nous pourrons citer le mont Boron, périmètre d'une nature mixte qui devait répondre, non-seulement à un intérêt général incontestable, mais encore servir de parc, de promenade à la ville de Nice, dont il est éloigné d'environ 1 kilomètre.

Les sommes dépensées pour les travaux de repeuplement, jusques et y compris l'année 1870, c'est-à-dire pendant la période de premier établissement, s'élèvent à 50,680 fr., dont 34,940 fr. payés par l'Etat et le reste par la ville de Nice.

On calcule qu'une somme de 2 à 3,000 francs par an sera suffisante désormais pour l'entretien des reboisements, et même des routes, à l'occasion desquelles nous rappelons que leur dépense d'établissement a été supportée entièrement par la ville propriétaire ; elle monte à 28,688 francs.

Ces 28,688 francs dépensés pour les routes, joints aux 50,680 francs dépensés pour le reboisement, font un total de 79,368 francs, dont 34,940 francs payés par l'administration des forêts.

On voit que l'Etat a été fort généreux, car il a supporté, en outre, certains frais généraux pour la surveillance, le traitement et les indemnités des agents spéciaux, les achats d'outils, etc.

En résumé, grâce à cette large application de la loi du reboisement, grâce aux sacrifices intelligents faits par la ville de Nice, qui n'a jamais refusé les crédits demandés, les agents forestiers qui se sont succédé depuis dix ans ont réussi, en suivant la voie indiquée par leur honorable pré-

décesseur sarde, le baron Durante, à créer un des spécimens
les plus remarquables de ce que l'on peut tenter dans les
conditions les plus difficiles et les plus exceptionnelles en
fait de travaux de l'espèce.

Ce beau succès est très-heureux pour l'administration
forestière, car le reboisement du mont Boron, entouré de
villas possédées par des personnes considérables, fréquenté
par des touristes et des amateurs distingués, très à même
d'apprécier et de juger ses embellissements, ne manque pas
d'être visité par tous les forestiers, soit français, soit
étrangers, qui passent en assez grand nombre à Nice, et
laisse à tous ceux qui l'ont parcouru une impression pro-
fonde, à laquelle se joint un sentiment d'estime pour la
municipalité et l'administration qui ont conduit à bonne
fin une œuvre semblable.

CHAPITRE IV.

Conclusion.

De l'ensemble de ces observations, il résulte que, dans le
comté de Nice, les reboisements effectués jusqu'à ce jour se
rattachent peu à la vraie région forestière, qui est la région
alpestre.

Le plus grand nombre des périmètres est situé dans les
régions *méditerranéenne* et *moyenne*, où les forêts n'ont
qu'une importance secondaire ; les nouveaux bois qu'on y
a créés ne pourront donc avoir eux-mêmes qu'une importance secondaire, ce qu'il est permis de regretter.

En compensation, comme études variées de repeuplement, comme spécimen de ce qu'on peut tenter de plus

difficile en fait de reboisements proprement dits, sous le rapport des sols, des expositions, des altitudes et des essences, nous croyons que, depuis dix ans, rien de comparable n'a été fait sur une aussi grande échelle.

Non-seulement des barrages ont été construits dans tous les périmètres, mais encore dans beaucoup d'entre eux il a fallu retenir le sol par des murs de soutènement ; dans tous, des sentiers ont été ouverts et les ont rendus abordables ; souvent il a fallu faire jouer la mine pour creuser les trous ; souvent aussi, on a dû revenir deux ou trois fois sur les mêmes points : là où un jeune semis promettait merveille, le siroco passait, et tout était brûlé en quelques heures ; là où une plantation donnait les plus belles espérances, un printemps sec venait détruire le travail de l'automne.

Les reboisements du comté de Nice offrent donc le champ le plus vaste aux remarques, aux études des forestiers. Malgré les longs développements dans lesquels nous sommes entré, nous n'avons fait qu'effleurer le sujet, que l'exposer à peine et non le traiter à fond.

Espérons pourtant que notre travail jettera quelque lumière sur cette question importante et délicate, et si, comme nous le croyons, on se décide à continuer un jour sur une grande échelle l'œuvre de la restauration des montagnes du comté de Nice, nous pensons, et telle est notre conclusion, que, profitant de l'expérience du passé, on fera sagement d'adopter les principes suivants :

1° Préférer les plantations aux semis, sans exclure pourtant ces derniers d'une manière absolue.

Ils devront être le complément des plantations, mais ne pas jouer le principal rôle.

2° Planter le plus possible en automne, de manière que les jeunes plants puissent résister à la sécheresse trop fréquente du printemps, sécheresse dont nous avons constaté la fâcheuse influence.

3° Semer, au contraire, de préférence au printemps,

pour éviter les causes bien connues de déperdition de graines.

4° Donner la préférence aux résineux sur les feuillus;

Réserver ces derniers pour les barrages et les mélanges d'essences, mais à titre accessoire, et ne pas en faire l'élément principal de repeuplements qu'il est difficile souvent d'entretenir pendant le temps nécessaire.

En outre, les résineux ayant une croissance beaucoup plus rapide que les feuillus, il est bien plus facile de rendre promptement au pâturage les terrains reboisés avec les premiers, ce qui est une considération de la plus haute importance.

5° Eviter les grandes pépinières centrales;

Dans le comté de Nice les distances qui paraissent assez faibles sur la carte sont, au contraire, très-grandes en réalité, parce que les voies de communication sont rares et difficiles à parcourir.

L'envoi des plants exige donc des charrois coûteux et des précautions délicates.

La sécheresse étant l'état normal du pays pendant presque toute l'année, on avait compris les inconvénients d'une pépinière centrale pour les résineux. Aussi la grande pépinière qui avait été créée sur les bords du Var, et dont la contenance cultivable dépassait 3 hectares, avait-elle été réservée plus spécialement à la culture des feuillus; mais, outre que nous ne sommes pas partisan des feuillus en général, nous signalerons facilement les inconvénients de cette pépinière à laquelle on a sagement renoncé.

Elle était située au milieu de la vallée du Var, dans le sol le plus profond, le plus riche et le plus frais qu'on puisse rencontrer; la terre y est toute d'alluvion et l'eau s'y trouve en creusant le sol à 40 centimètres.

Comment des plants pouvaient-ils s'acclimater dans les terrains desséchés et brûlants des Alpes Niçoises, après avoir ainsi commencé leur existence?

De plus, grâce à une végétation dont l'activité ne se

ralentit, pour ainsi dire, jamais, les feuillus y étaient encore
en séve au mois d'octobre quand il était temps de les planter
dans la montagne, et le terrain était encore gelé dans la
plupart des périmètres de la montagne, quand les premières
feuilles se montraient déjà à la pépinière du Var au printemps.

Nous pensons que cet exemple suffit pour faire condamner,
dans le comté de Nice, les grandes pépinières centrales.

6° Créer de petites pépinières locales à portée des périmètres les plus importants.

7° Se procurer, dans le pays même, la majeure partie,
sinon la totalité, des graines destinées à l'ensemencement
de ces pépinières.

Il est certain que des graines de Pin silvestre, d'Épicéa, etc., récoltées dans les forêts voisines des reboisements, donneront des résultats plus sûrs que celles des
mêmes essences venant du Nord, quelle que soit, d'ailleurs,
leur qualité. C'est ce que l'expérience a prouvé dans bien
des cas.

8° Ne pas entreprendre trop de travaux neufs à la fois;
procéder avec persévérance, mais aller plutôt un peu lentement que trop vite.

9° Se restreindre dans la voie fantaisiste de l'acclimatation.

15 mai 1873.

TROISIÈME ÉTUDE.

LES PATURAGES.

CHAPITRE PREMIER.

Travaux de Foderé et de Durante.

Foderé et Durante sont, à notre connaissance, les seuls auteurs qui se soient occupés sérieusement du pâturage dans le comté de Nice (1).

Le baron Durante ne consacre que cinq ou six pages de sa *Chorographie* à traiter cette question importante.

Nous le regrettons vivement, car ses appréciations sont fort justes, et, grâce à l'étude spéciale qu'il avait faite du pays, il aurait pu donner les renseignements les plus précieux.

Il se contente de constater que le territoire de la province est extrêmement pauvre en prairies naturelles ;

Que les pâturages sont peu productifs, à cause de la sécheresse, et que le manque d'herbage et de litière est très-préjudiciable à la bonne éducation des bestiaux et à la production des engrais ;

Que le droit de vaine pâture est presque général et entraîne des conséquences déplorables ;

Que le pâturage d'hiver expose les terrains en culture à de continuelles dévastations et n'est pas favorable au bétail.

Il propose donc d'améliorer cette situation par les moyens suivants :

(1) Voir la note O et la note P.

1° La suppression du droit de vaine pâture ;

2° La limitation du nombre des troupeaux et la réglementation des pâturages ;

3° La création de prairies artificielles.

Il propose également de réserver les pâturages aux bestiaux du pays, de réduire le nombre des chèvres, qui, d'après lui, s'élevait à **120,000** avant **1847**, et, enfin, de donner la préférence aux bêtes à laine et au gros bétail, afin d'éviter l'importation ruineuse du Piémont, province qui envoyait alors, comme aujourd'hui, beaucoup de bestiaux pour la boucherie dans le comté de Nice.

Toutes les observations de Durante sont très-fondées ; seulement, nous le répétons, il est dommage qu'il ne leur donne aucun développement.

Le savant Foderé, dans son voyage aux Alpes-Maritimes, publié seulement en **1821**, mais écrit au commencement du XIXᵉ siècle, entre dans des détails beaucoup plus circonstanciés. Il parle des pâturages, de la profession de berger des troupeaux, des accidents auxquels ils sont sujets, de leurs produits, de la qualité des laines ; enfin il se livre à des recherches sur le perfectionnement des laines elles-mêmes, question plutôt commerciale qu'agricole.

Mais le sujet est si vaste qu'il reste bien des choses à dire encore après lui. Cependant, par égard pour sa haute autorité, nous allons exposer sommairement les parties de son travail qui ont des rapports avec le nôtre.

Foderé commence par s'occuper des pâturages. Après quelques phrases un peu sentimentales consacrées aux pasteurs primitifs nos ancêtres, il constate que les prairies naturelles et artificielles, et par conséquent les fourrages, sont fort rares dans le comté de Nice, mais que *la nature* a pourvu au manque de fourrages, pendant la mauvaise saison, par le moyen des pâturages d'hiver, lesquels s'y rencontrent en grand nombre à côté des pâturages d'été, les seuls qui existent en Savoie et en Suisse.

Les pâturages d'été, dit-il, se trouvent depuis le sommet

des grandes Alpes jusque vers le milieu du pays. Les pâturages d'hiver sont situés, au contraire, dans toute la partie
méridionale des Alpes, du côté du littoral. Entre les deux
sont les pâturages intermédiaires qui servent soit en automne, soit au printemps.

Il expose qu'en **1801** la grande majorité des pâturages
ne servait qu'au menu bétail, que le nombre des vaches
était alors peu considérable, et que, d'ailleurs, le pays lui
paraissait peu propre à leur éducation.

Il dit que le pâturage d'été était exercé alors, non-seulement par les bergers du pays, mais encore par ceux de la
basse Provence, qui y amenaient au moins **30,000** moutons
chaque année.

Il calcule que les pâturages d'hiver, qu'on peut évaluer au
tiers de la totalité des pâturages d'été, donnaient asile,
pendant chaque saison de parcours, à environ **100,000** moutons ou chèvres appartenant tant aux gens du pays qu'à des
étrangers ; que ces divers pâturages étaient d'un très-grand
produit ; qu'on les affermait chaque année, et que la valeur
de ces locations était, en moyenne, de **746,000** francs par an.

Il termine ses observations sur les pâturages du comté de
Nice en faisant remarquer qu'ils sont moins bons que ceux
de la Suisse et de la Savoie, que l'herbe est plus courte, et
que les animaux sont de plus petite race ; que l'on fait seulement du fromage et jamais de beurre ; qu'on ne rencontre
pas dans les montagnes l'aisance et la propreté des populations pastorales de la Savoie et de la Suisse, et qu'au lieu
de chalets les bergers niçards se servent des antres des
rochers ou de misérables cabanes qui leur donnent à peine
le plus triste abri.

Voilà tout ce que Foderé dit relativement au pâturage
proprement dit.

Il sera intéressant de voir si les choses n'ont pas changé
depuis soixante-dix ans.

Foderé entre ensuite dans de grands détails sur la profession de berger ; nous y renvoyons les personnes désireuses

de connaître des faits curieux, recueillis avec patience et sagacité, et exposés avec simplicité et exactitude.

Nous renvoyons également aux détails qu'il donne relativement aux maladies et aux accidents auxquels les troupeaux sont sujets, à leur amélioration, au perfectionnement des laines, etc., en ayant soin de faire remarquer qu'il néglige entièrement tout ce qui concerne le gros bétail. Il ne parle pas de la race bovine, qui est aujourd'hui la plus importante de toutes, et sur le compte de laquelle nous nous étendrons spécialement. Il parle également très-peu de pâturages d'été qu'il ne paraît pas avoir visités dans la saison favorable.

CHAPITRE II.

Les pâturages d'été.

1° Considérations spéciales.

Nous commencerons l'étude qui nous est propre par les pâturages d'été. Ce sont les plus importants par leur étendue. Ils occupent, d'après Foderé, environ les trois quarts de la totalité des pâturages, en y comprenant, il est vrai, les pâturages de printemps et ceux d'automne, qui ont beaucoup moins d'importance et qui en sont la dépendance naturelle. Ceux d'hiver occupent le quart restant. Cette répartition nous paraît très-bien établie, et nous l'adoptons entièrement.

Le pâturage d'été proprement dit s'exerce dans la partie centrale et supérieure du comté de Nice, depuis le 1er juin jusqu'au 30 septembre, en moyenne, c'est-à-dire pendant quatre mois seulement. Cela se comprend aisément en examinant le pays; car on reconnaît que la vaste zone de terrain occupée par ce pâturage correspond assez exactement aux deux régions que nous avons désignées sous le nom d'*alpine* et d'*alpestre*, régions qui sont situées de 1,300 à 3,000 mètres d'altitude. Or les neiges y fondent tard; il faut ensuite à l'herbe le temps de pousser; l'époque du 1er juin se justifie d'autant mieux, pour l'ouverture du pâturage d'été dans les montagnes du comté de Nice, que les orages y sont très-fréquents et fort dangereux à la fin de mai; ils sont, en outre, accompagnés de grêle très-forte et de pluies torrentielles fâcheuses pour la santé du bétail, qui, dans ces vastes solitudes de la région pastorale, n'a ordinairement aucun abri.

Quand l'année est en retard et que la belle saison ne se déclare pas nettement, la situation de ces nombreux troupeaux est souvent compromise. La grêle est si abondante qu'elle recouvre parfois le sol d'une couche analogue à la neige glacée, et qui met plusieurs jours à se fondre: les vaches, en particulier, s'en trouvent fort mal; elles ne peuvent couper l'herbe durcie par le froid, et leur bouche s'enflamme. N'ayant plus la force nécessaire pour pâturer, elles enflent et meurent, si on n'a pas le soin de leur couper du fourrage tendre et de les faire manger à la main. Quand ces maladies se déclarent, les bergers s'empressent de prévenir les propriétaires des vaches, qui accourent promptement pour les soigner eux-mêmes.

Nous avons constaté cette situation fâcheuse le 15 juin 1870, à la grande vacherie de l'Authion, qui est située à 2,000 mètres d'altitude.

On voit donc que l'époque du 1er juin ne peut être généralement avancée. D'un autre côté, il est d'usage que tous les bestiaux se réunissent le jour de la Saint-Michel (29 septembre) pour rentrer dans leurs villages. Cette date est encore déterminée par la grande variabilité de la température dans les alpages élevés à partir du mois d'octobre.

Les troupeaux ont, d'ailleurs, des pâturages réservés pour

leur permettre d'attendre soit le pâturage d'hiver, soit la stabulation. Nous en parlerons plus tard.

2° Caractère pastoral des régions alpestre et alpine.

L'aspect des lieux a un cachet de grandeur incontestable, mais en même temps il est profondément triste et sévère.

Les Alpes du comté de Nice, qui forment le massif montagneux le plus méridional de toutes les Alpes françaises, et qui, par le col de Tende, se rattachent aux Apennins, empruntent à ces derniers quelques-uns de leurs caractères.

D'une altitude presque aussi grande que les autres Alpes, elles sont déchirées, tourmentées, comme les Apennins.

Leurs vastes solitudes ne sont point égayées par le chant des oiseaux, qui y sont fort rares. La présence de l'homme est rare aussi, à moins que la conduite des troupeaux ne l'exige. Les villages sont au loin, dans le fond des vallées, entourés, il est vrai, d'une riante ceinture de cultures permanentes ; mais ces oasis, peu étendues, sont entourées elles-mêmes d'une zone déserte et dévastée produite par l'abus des cultures temporaires, par les défrichements et par l'excès des pâturages d'hiver, de printemps et d'automne, qui s'y exercent successivement. Cette zone s'étend jusqu'à celle des forêts, qui se rattache à la région pastorale proprement dite.

Ces forêts, et toute la région située au-dessus, constituent la zone pastorale d'été. Elle ne se termine guère qu'aux sommets des plus hautes montagnes, sommets composés souvent de rochers absolument inabordables ; pourtant il est peu de points que l'audacieuse agilité des chèvres ne parvienne à atteindre, quand il s'y trouve quelques plantes à ronger, quelques bourgeons à détruire.

Dans tout ce vaste espace, on n'aperçoit point de chalets, comme en Suisse. Le bétail, nous l'avons dit, n'a ordinairement aucun abri. Les bergers peuvent se réfugier et faire le fromage dans des cabanes en pierres sèches ou en bois, de la plus modeste apparence. On ne rencontre pas, dans ces campagnes inhabitées, de maisons isolées. Quelques granges mal construites, abandonnées pendant l'hiver, et servant, pendant l'été, à mettre à l'abri de maigres récoltes de foin ou de céréales, se voient encore dans la partie inférieure de la région pastorale; mais, à part cela, point d'autre trace de la présence de l'homme.

Il faut convenir que les Alpes-Maritimes ne sont pas favorisées. Il n'existe, à proprement parler, aucune industrie dans les villages, contrairement à ce qui se passe en Suisse et dans le Jura.

Les eaux thermales, si communes dans les pays de montagnes, font ici presque complétement défaut; les communications sont fort difficiles. La chasse et la pêche sont très-pénibles et donnent peu de résultats. Les touristes sont donc fort rares en été.

Ajoutons que le pays est presque entièrement dépourvu de souvenirs historiques offrant un caractère pittoresque. Ainsi on n'y rencontre que très-rarement ces châteaux en ruines, qui complètent si poétiquement les paysages des Vosges et de bien d'autres contrées montagneuses.

Les sites sont sévères. Les belles cascades sont très-rares, les lacs manquent dans la région alpestre, et ceux que l'on trouve, en assez grand nombre, dans la région alpine sont extrêmement petits, et ne produisent, dès lors, qu'un effet secondaire.

Le plus bel ornement de la région des pâturages consiste, avant tout, dans les forêts. Les beaux gazons, eux-mêmes, sont rares, parce que les plateaux et les terrains à pentes douces manquent presque partout. Nous reviendrons sur cette disposition physique, spéciale aux Alpes du comté de Nice, quand nous nous occuperons, d'une manière particulière, du regazonnement.

Notons, seulement, que d'immenses forêts de Mélèzes et de Pins cembros occupaient, autrefois, la majeure partie de la région pastorale actuelle. La végétation montait donc beaucoup plus haut qu'aujourd'hui, et les forêts se rencontraient jusqu'à 2,500 mètres d'altitude et même au delà.

La cause de la disparition de ces grandes forêts tient, en partie, à des exploitations imprudentes, mais surtout aux abus du pâturage, aux incendies allumés par les bergers, etc.; et, quand, à de semblables altitudes, ces massifs protecteurs ont été entamés, on comprend que les avalanches ont dû achever facilement l'œuvre de destruction commencée par l'homme!

Des souches dispersées çà et là sont les seuls témoins de cette ancienne végétation.

Notons, en passant, qu'en Suisse, et surtout dans la Suisse allemande, le mot d'alpe (alp) est souvent employé comme nom commun; il désigne alors un pâturage de montagne élevée, et c'est de là qu'est venu le nom de région alpine. Or, dans le comté de Nice, cette expression a exactement le même sens. De vastes pâturages situés sur les montagnes élevées de Gion, de l'Authion, de Cabanin, etc., sont connus, dans le pays, sous le nom de l'alpe de Gion, l'alpe de l'Authion, l'alpe de Cabanin, etc., et le fait d'y pâturer s'appelle alpage. Ces locutions sont donc générales dans toute la chaîne des Alpes, pourtant on les emploie de préférence dans la partie est du comté de Nice. Dans la partie ouest, qui se rapproche de l'ancienne France, on se sert souvent de l'expression « *montagnes pastorales*, » comme dans les véritables Alpes françaises.

3° RÉPARTITION DES BESTIAUX DANS LES PATURAGES D'ÉTÉ.

Les pâturages d'été sont occupés, du 1er juin au 30 septembre, par les vaches, les moutons et les chèvres, qui forment trois espèces de troupeaux distincts, vivant séparément d'ordinaire.

Aux vaches sont affectés les pâturages les meilleurs et les moins éloignés. Il est notoire que les vaches rapportent beaucoup plus que le petit bétail, et, comme leur présence

dans les montagnes alpestres est moins nuisible à la conservation du sol, nous sommes heureux de constater que leur
élevage a pris, depuis 1860, un développement considérable.

Du temps de Foderé, il y a 70 ans, le nombre des bêtes
bovines de toute catégorie, appartenant aux habitants, était
de 13,055, celui des moutons de 119,360 et celui des chèvres de 36,610.

Par suite des abus tolérés par le gouvernement sarde,
abus qui entraînaient les pâturages à une ruine certaine,
l'éducation des bestiaux avait tellement dégénéré, qu'on
ne comptait plus dans le pays, peu avant la dernière
annexion, que 12,600 vaches, bœufs, veaux, etc., et
56,000 moutons; mais, en compensation, le nombre des
chèvres s'élevait à 120,000! Tels sont les chiffres donnés
par Durante en 1847!

L'application sérieuse du régime forestier, et l'exclusion
des chèvres des bois communaux depuis 1860, ont, heureusement, amené une notable amélioration. Le nombre de ces
animaux a beaucoup diminué; il n'est plus que de 33,000
environ, y compris celles appartenant aux communes restées
italiennes. C'est à peu près le même chiffre que du temps
de Foderé. Le nombre de moutons est remonté de 56,000
à 119,000, ce qui est encore le même chiffre qu'en 1801.
Quant aux vaches, bœufs, veaux, etc., leur nombre peut
être évalué, en 1873, à 19,644, ce qui est un progrès mar-
qué sur 1846 et sur 1801.

La situation s'est donc beaucoup améliorée depuis l'annexion, en ce qui concerne la répartition, dans les pâturages
du comté de Nice, des espèces de bestiaux, dont, en somme
pourtant, le nombre total a très-peu varié, depuis 70 ans (1).

Pour revenir au pâturage d'été, nous dirons qu'il est
généralement consacré aux bestiaux du pays. Les troupeaux
de la basse Provence signalés, en 1801, par Foderé, comme

(1) Voir la note A à la fin du Mémoire.

en profitant largement, ont diminué et, sauf à Saint-Etienne, à Saint-Dalmas, à Isola et dans quelques autres communes de l'arrondissement de Puget-Théniers, on ne voit plus les moutons transhumants d'Arles, dont le pâturage est si dommageable, et dont le nombre est pourtant encore d'environ 25,000 pendant la saison d'été. On doit s'estimer relativement heureux de cette diminution, en songeant à ce qui se passe dans le surplus des Alpes françaises (1).

Au-dessus des terrains réservés aux vaches, sont établis les troupeaux de moutons, très-souvent séparés des chèvres quand ils doivent pacager dans les bois défendus à ces dernières, et parfois réunis quand les bois ne les gênent pas. On prétend, dans ce cas, que les chèvres encouragent les moutons à grimper hardiment, pour chercher leur nourriture, sur les rochers escarpés, et même dans les troupeaux exclusivement formés de moutons, si l'on en croyait les bergers, une ou deux chèvres, dites conductrices, seraient nécessaires par chaque centaine de moutons. En réalité, ces chèvres servent plutôt à la nourriture du berger qu'à la conduite du troupeau.

Les plus beaux pâturages d'été du comté de Nice se rencontrent à Breil, Saorge, etc. (arrondissement de Nice), à Saint-Etienne, Saint-Dalmas-le-Sauvage, Beuil, Guillaume, etc. (arrondissement de Puget-Théniers), et enfin à Tende et à la Briga qui sont restés à l'Italie.

Les produits des pâturages d'été, beurre et fromage, se consomment dans le pays même. Le besoin de ces denrées est si grand, que, loin de pouvoir en exporter, on en introduit pour des sommes importantes. C'est surtout par le port de Nice que les fromages et les beurres du Milanais, du Piémont et du Parmesan, sans compter beaucoup d'autres, arrivent en quantités considérables.

La fabrication du beurre rend le fromage très-inférieur ; aussi on n'en fait pas partout.

(1) Voir la note B.

Les pâturages d'été du comté de Nice sont suffisants pour entretenir les bestiaux en bon état, mais pas assez pour engraisser les vaches, et encore moins les bœufs, qui ne servent généralement qu'au labour et aux charrois. Les moutons deviennent bons pour la boucherie au bout d'un ou deux mois d'alpage. Mais les gros bestiaux maigres sont ordinairement envoyés en Italie, où on les engraisse facilement, et d'où on les renvoie en France, si les besoins l'exigent. C'est d'Italie que viennent, en effet, par le col de Tende, ces nombreux troupeaux qui servent à la consommation de Nice, des stations d'hiver voisines, de Toulon, de Marseille, etc., etc.

Les pâturages du Milanais sont plus gras, plus nourrissants que ceux des Alpes Niçoises; on peut y laisser, d'ailleurs, le bétail plus longtemps, car la saison pastorale y est plus longue, et les cultures y sont plus variées et plus succulentes.

Les pâturages du comté de Nice sont pourtant meilleurs qu'ils ne le semblent au premier coup d'œil. Sans doute, les beaux gazons y sont rares, et des vacheries doivent être parfois établies dans des terrains incultes et stériles en apparence, comme celle de Sirvol de Lantosque, mais les plantes et les herbes que le bétail y trouve sont très-odorantes et très-substantielles; seulement elles sont moins abondantes et plus courtes qu'en Suisse et en Italie.

4° DES VACHERIES COMMUNALES EN GÉNÉRAL. — ASSOCIATIONS.

La *vacherie du Plan-d'Utelle*. — Les pâturages d'été ont deux destinations bien distinctes, l'éducation du gros et celle du menu bétail.

Quoique Foderé constate que, de son temps, il y avait déjà plus de 13,000 bêtes bovines dans le comté de Nice, quantité assez considérable pour un si petit pays, il passe pourtant sous silence tout ce qui concerne l'alpage de ces animaux.

Cependant cette question a la plus grande importance. De nombreuses vacheries, la plupart d'une origine fort ancienne, existent dans les montagnes des Alpes-Maritimes. Cette industrie, après avoir été florissante autrefois, alors que les pâturages étaient meilleurs qu'aujourd'hui, et après avoir eu un moment de décadence marquée sous le régime piémontais, qui donnait la prédominance à l'éducation de la chèvre, a repris énergiquement depuis l'annexion de la province à la France en 1860.

Les voies de communication améliorées et la consommation des grandes villes notablement accrue l'ont favorisée de nouveau, elle est aujourd'hui en pleine prospérité.

Les vacheries sont de deux espèces : les unes, purement communales, ont pour but principal le bien-être des habitants, l'obtention des meilleurs produits, leur répartition proportionnelle entre les propriétaires de bestiaux, suivant la qualité et le nombre des vaches. En un mot, c'est une association utile et produisant d'excellents résultats. Nous ne nous occuperons que de ces vacheries pour le moment, et nous donnerons, comme type de la variété de combinaisons auxquelles le sujet entraîne, l'analyse du cahier des charges de la vacherie de Manoïnas, commune d'Utelle ; ce cahier, rédigé, bien entendu, par le conseil municipal solennellement assemblé, après avoir pris l'avis des anciens et notables experts dans l'art de la fromagerie et dans l'art de l'éducation des bestiaux, passe pour le modèle du genre. Sa lecture fait pénétrer bien avant dans les mœurs pastorales de ces populations primitives et simples, et, pourtant, si intelligentes du moment que leurs intérêts *actuels* sont en jeu.

L'*article* 1er dispose que l'époque du pâturage commencera, chaque année, le 1er juin, pour finir le 30 septembre suivant.

L'*article* 2 fixe, avec soin, les limites de la vacherie.

L'*article* 3 détermine l'époque où, par exception, quelques troupeaux de bêtes à laine pourront être introduits dans certains pâturages compris dans ces limites.

L'*article* 4 rappelle que les vaches y doivent être admises au pâturage le premier jour du mois de juin de chaque année, et dispose qu'en cas de retard le conseil municipal prononcera quel rabais doit être établi sur le produit des vaches, en proportion du temps qu'elles auront perdu.

L'*article* 5 règle l'ordre dans lequel les divers cantons doivent être successivement pâturés.

L'*article* 6 stipule que l'adjudicataire devra recevoir jusqu'à 160 vaches appartenant exclusivement aux habitants de la commune d'Utelle. Il est obligé de fournir, à ses frais, des taureaux robustes et aptes à la remonte des vaches dans la proportion de 1 taureau pour 30 vaches. Dans le cas où 160 vaches ne se trouveraient pas à Utelle, l'adjudicataire ne pourra recevoir aucune vache appartenant à des étrangers.

L'*article* 7 dispose que tout chef de ménage habitant dans la commune a le droit de faire recevoir une vache, et que les propriétaires qui payent une contribution de 25 francs en principal peuvent en faire recevoir deux ; ceux qui payent 50 francs et au-dessus pourront en introduire trois, et jamais plus, pour quelque motif que ce soit.

Aux termes de l'*article* 8, dès que les vaches sont introduites dans la vacherie, elles sont à la charge de l'adjudicataire ; il est tenu d'en avoir tout le soin possible, de leur donner le sel une fois par semaine, de les faire boire aux abreuvoirs les plus convenables, et de les faire pacager dans les endroits accoutumés, réglant tout en bon et diligent père de famille.

Il ne peut renvoyer aucune vache que dans le cas de maladie, ou si, à l'époque du premier pesage du lait, elle n'a qu'un kilogramme et demi de lait, entre le soir et le matin.

L'*article* 9 dispose que l'adjudicataire est tenu de faire la demande des vaches à leurs propriétaires pendant le mois de mars de chaque année. La liste est remise au maire et approuvée par le conseil municipal, dont l'intervention est fréquente dans ces graves questions.

Si quelqu'une des vaches reçues vient à perdre son lait par quelque infirmité ou accident imprévu, si elle s'égare ou si elle tombe malade sans la faute de l'adjudicataire ou de ses agents, il est facultatif, à ce dernier, de demander un rabais sur le produit de la vache. Il doit, dans tous les cas, avertir son propriétaire dans les vingt-quatre heures. Si les susdits accidents surviennent par culpabilité ou négligence du fermier, ou s'il a omis d'en faire part aux propriétaires, il ne peut plus prétendre à aucune déduction sur le produit de la vache dont il s'agit. Il est tenu, au contraire, selon les circonstances, de rembourser au propriétaire tous les frais et dommages soufferts.

Toutes les fois qu'une bête sera exclue de la vacherie, son propriétaire est tenu d'en aviser le maire ou le conseiller municipal de la localité, et, dans le cas où il serait constaté que la vache fournit la quantité de lait prescrite, l'adjudicataire est obligé de donner au propriétaire le même produit que si la vache était restée à la vacherie jusqu'à la Saint-Michel.

Pour obtenir la déduction légale sur les produits du lait pour les vaches malades, renvoyées, ou pour tout autre motif imprévu, l'adjudicataire doit donner note exacte, à M. le maire, huit jours avant la Saint-Michel de chaque année, de toutes les vaches dont il s'agit, afin que le conseil municipal puisse reconnaître si les prétentions de l'adjudicataire sont réelles, et les propriétaires des vaches en prendre connaissance pour faire leurs observations.

L'*article* 10 confère au conseil municipal le droit de faire procéder, chaque fois qu'il le jugera opportun, à la visite des vaches ; et s'il résulte du rapport de son délégué qu'elles ne sont pas bien tenues, ou que les clauses imposées à l'adjudicataire ne sont pas observées, celui-ci devient passible, envers leurs propriétaires, de tous dommages, et de plus il doit payer les frais et les vacations des délégués.

L'*article* 11 dispose que l'adjudicataire est obligé de donner aux propriétaires des bestiaux 8 kilogrammes, tant de fromage que de recuite salée, pour chaque kilogramme, et 440 grammes de lait qu'aura produits chaque vache à l'époque des deux pesages ; les deux tiers doivent être en fromage et l'autre tiers en recuite salée ; le tout de bonne qualité.

La forme, la grosseur, la manipulation des fromages et de la recuite salée (appelée brous dans le patois du pays) doivent être conformes aux anciens statuts communaux.

Pour obvier au fractionnement des fromages et pour donner en même temps le poids juste, l'adjudicataire, pendant le mois de septembre, ne doit faire que des fromages de moins de 2 kilogrammes.

Aux termes de l'article 12, pour établir le produit de chaque vache, on procède deux fois au pesage du lait de chacune en particulier. Le premier a lieu depuis le 20 jusqu'au 30 juin de chaque année, et le second depuis le 6 jusqu'au 14 août. Il appartient au conseil municipal de fixer le jour, parmi ceux sus-indiqués, sans que l'adjudicataire en soit préalablement averti.

Le pesage du lait de chaque vache doit avoir lieu une seule fois le soir et une seule fois le matin suivant, de manière que la première vache à laquelle on aura tiré le lait le soir soit aussi la première à traire le matin. L'adjudicataire est tenu de donner à chaque vache, le premier jour de chaque pesage, le sel nécessaire, selon l'usage, et en présence des experts délégués comme ci-après pour assister à l'opération, lorsqu'ils en font la demande.

L'article 13 établit qu'il appartient au conseil municipal de nommer pour experts deux personnes de probité reconnue, et ayant en même temps les connaissances et pratiques nécessaires. On doit donner la préférence à des personnes qui ne sont pas propriétaires de vaches, afin de faciliter leur liberté d'action vis-à-vis de l'adjudicataire.

Ces experts doivent se rendre à la vacherie du Plan, les jours désignés par le conseil. Ils veillent et assistent au pesage du lait de chaque vache. L'un des deux pèse lui-même le lait sur une balance *suspendue à la muraille*, pendant que l'autre visite les mamelles des vaches, pour reconnaître si on en a tiré tout le lait. En cas de doute, l'opération doit être recommencée, en la présence de l'un des experts, et avec l'intervention du berger délégué, dont il est mention à l'article suivant.

D'après l'article 14, le conseil municipal nomme une personne expérimentée, choisie, autant que possible, dans la classe des bergers, qui doit se transporter trois jours avant le pesage dans la vacherie, et surveiller le pâturage, de manière que, pendant ces trois jours, les vaches soient bien nourries et abreuvées en temps opportun. Ce berger surveille aussi le parc ou vastiera, où les vaches sont réunies pendant la nuit, et s'assure que tout est bien en ordre.

Les deux délégués mentionnés à l'article **13** doivent aussi aider le berger dans sa mission de surveillance. Un des deux délégués doit tenir en double la note du produit du lait de chaque vache. L'une de ces notes est remise au maire comme pièce de renseignements ; l'autre reste entre les mains du délégué pour servir plus tard à la répartition du fromage entre les propriétaires. Une copie doit être aussi remise à l'adjudicataire, qui est chargé spécialement de servir aux deux délégués et au berger du lait et de la recuite salée, en quantité suffisante et gratis, pour leur nourriture.

L'article 15 impose aux deux délégués l'obligation de retourner à la vacherie le matin du 29 septembre, pour assister à la distribution des produits des vaches, et faire donner à chaque propriétaire la quantité de fromage à laquelle il a droit.

L'un des deux délégués doit se tenir à l'intérieur de la cabane pour surveiller la distribution. L'autre délégué doit se tenir à la porte de la fromagerie, pour y procéder au pesage du fromage et de la recuite salée.

L'article 16 établit quelques dispositions et détails sur les cantons où les vaches doivent pacager au moment du pesage.

Pendant cette époque, l'adjudicataire est obligé de fournir des planches et de *la paille* aux délégués pour leur servir d'abri, afin qu'ils puissent surveiller les vaches pendant la nuit.

L'*article* 17 autorise les habitants à assister au pesage du lait de leurs vaches, et leur permet, à cette occasion, de se servir du lait de ces animaux, mais seulement en quantité suffisante pour leur nourriture.

Lorsque, à l'époque du pesage, une vache se trouvera malade, ou si, pour quelque motif, elle ne donne pas de lait comme à l'ordinaire, on doit procéder de nouveau à l'opération, qui doit avoir lieu en présence du propriétaire et du fermier.

L'*article* 18 dit que si, à l'époque du pesage, les délégués constatent quelques fraudes, ils doivent en dresser un procès-verbal, qui sera présenté par le maire au conseil municipal, où les mesures nécessaires seront prises.

L'*article* 19 contient des dispositions de détail sur le pâturage des vaches, toujours à l'époque du pesage du lait.

L'*article* 20 établit qu'à l'époque du festin du 15 août, au chef-lieu de la commune (on appelle *festin*, dans le comté de Nice, les fêtes locales de chaque village), l'adjudicataire sera tenu de faire transporter, à Utelle, du fromage en quantité suffisante, pour le vendre à tous ceux des habitants qui en feront la demande, en proportion des besoins de chaque famille. Cette obligation est spéciale à la fête du 15 août, et le prix, d'ailleurs variable, du fromage ne peut dépasser, en cette circonstance, 90 centimes par kilogramme, de bonne qualité, aux termes du bail actuel.

Le fermier est également tenu, pendant la saison d'été, de donner, par anticipation, aux propriétaires des vaches qui en font la demande, du fromage et de la recuite salée, en à-compte du produit desdites vaches, mais jamais à titre de vente.

L'*article* 21 impose à l'adjudicataire l'obligation de se procurer, à ses frais, des bergers habiles et un homme probe, intelligent, expérimenté (dit fruitier), pour la manipulation des produits du lait. Celui-ci, avant d'entrer en fonctions, est tenu de *prêter serment*, devant *M. le maire*, de remplir fidèlement ses fonctions d'après les règles de l'art. Le fruitier et les bergers doivent être agréés, chaque année, par le conseil municipal.

Aux termes de l'article 22, il est défendu à l'adjudicataire d'écrémer le lait des vaches, d'altérer le fromage ou la recuite salée, de quelque manière que ce soit.

Si ces produits ne sont pas de bonne qualité, les propriétaires des vaches peuvent les refuser. Dans ce cas, l'adjudicataire est obligé de leur en fournir ou de leur en payer le montant, au prix de 1 fr. 50 le kilogramme ; en outre, pour chaque écrémage du lait, il doit payer à la commune une indemnité de 20 francs.

L'*article* 23 impose aux propriétaires des vaches l'obligation de payer annuellement à l'adjudicataire, le jour de la Saint-Michel, 2 francs pour chaque vache, à titre de garde, sauf réduction proportionnelle pour les vaches qui, par un motif quelconque, n'auront pas fait une saison complète dans la vacherie.

L'*article* 24 dispose que l'adjudicataire ne pourra prétendre à aucune diminution du prix de son fermage, sous quelque prétexte que ce soit. Il doit fournir une caution valable.

Il est chargé de l'entretien du toit de la cabane et doit le laisser en bon état à la fin du bail.

Il doit également construire à ses frais et entretenir un hangar couvert en paille, pour abriter, en cas de mauvais temps, les propriétaires qui seront présents le jour de la distribution du fromage (29 septembre).

Il est tenu de fournir, chaque année, douze journées d'homme pour l'entretien du chemin allant de la vacherie au village.

La cession de son bail lui est interdite sans autorisation.

Enfin il est tenu de donner, chaque année, à la Saint-Michel, aux délégués experts, pour leurs vacations, la somme de 25 francs comptant, plus 15 kilogrammes de fromage chacun. Il doit donner également au berger la somme de 15 francs, plus 7 kilogrammes de fromage. Enfin il est obligé de donner, d'après l'usage jusqu'ici pratiqué, 16 *kilogrammes* de fromage à *M. le maire* pour droit dit de *cabanagio* (location de la cabane).

L'*article* 25 concède à l'adjudicataire le droit de jouir, pendant la durée du bail, d'après l'usage, de tous les terrains dénommés *avastieras*, actuellement existant en état de culture dans les limites de la vacherie, avec l'obligation de payer à la commune le droit dit de *tasca* pour toute espèce de récolte.

Il lui est défendu de semer le Blé connu dans le pays sous le nom de *marseuc*, Blé qui n'est, en réalité, que de l'Avoine de printemps.

Il lui est également défendu de faucher l'herbe dans quelque endroit que ce soit ; il peut seulement en extraire, dans les terrains semés, la quantité suffisante pour l'usage des bêtes de somme et de labour nécessaires à la culture et au transport des approvisionnements de la vacherie. Il lui est expressément défendu d'exporter le fourrage hors de la vacherie. Pourtant, chaque mulet qui descendra au village peut en emporter 8 kilogrammes pour servir à sa nourriture jusqu'à son retour.

En cas de fraude, le fermier doit être condamné à une indemnité de 1 franc envers la commune pour chaque quantité de 8 kilogrammes exportée.

Telles sont les principales dispositions contenues dans le cahier des charges de la vacherie du Plan-d'Utelle. La plupart s'expliquent d'elles-mêmes, car elles sont parfaitement combinées.

Nous ferons pourtant les remarques suivantes :

L'article 22 interdit formellement la fabrication du beurre. Cette mesure se justifie facilement.

L'augmentation du bien-être et de la population dans les villes, et même dans les campagnes, a beaucoup accru la consommation de cette denrée, dont la vente est aussi facile qu'avantageuse.

Foderé, qui ne s'est pas occupé de la question des vacheries, avait jugé approximativement que les herbages du comté de Nice n'étaient pas de nature à produire de bon beurre.

C'était une erreur, et nous pouvons assurer, par expérience, que le beurre de toutes les vacheries de la montagne est excellent, et que, si son mode de fabrication était plus perfectionné, il pourrait soutenir la comparaison avec celui du Milanais.

Cependant c'est grâce à la prohibition d'en faire, et aux nombreuses conditions imposées par le cahier des charges ci-dessus, que la vacherie d'Utelle a acquis la réputation, méritée, de produire le meilleur fromage de la vallée de la Vésubie.

Le droit de *cabanagio* représente la valeur de la location annuelle des bâtiments affectés à la vacherie.

A Utelle, cette location se règle par un don en fromage au maire de la localité.

Dans d'autres communes, une somme en argent est ordinairement payée en sus du prix du bail.

Le droit de *tasca* sur la culture des terres dépendant de la vacherie, consiste dans le payement du dixième de la valeur de la récolte.

Outre toutes ces obligations, l'adjudicataire de la vacherie du Plan-d'Utelle doit encore payer à la commune le prix de son bail, soit 567 francs par an. On se demande quels peuvent être ses bénéfices avec d'aussi lourdes charges. Ils consistent principalement dans la part importante qui lui reste en fromage et en brous, après la distribution de tout ce qui revient aux habitants. On calcule cette part au neuvième du produit total ; c'est avec cela qu'il paye son personnel, assez nombreux, et ses frais accessoires. Le surplus constitue, avec quelques avantages accessoires et le profit de la culture des terrains attenants à la vacherie, un bénéfice net assez peu important, auquel il faut ajouter l'avantage d'avoir vécu, pendant quatre mois, avec les produits de son industrie, et celui de pouvoir mettre de côté, en nature, une grande partie de sa subsistance et de celle de sa famille pour la mauvaise saison.

Dans ces pauvres régions montagneuses, où l'argent a une si grande valeur, la moindre occasion d'en gagner est saisie avec empressement, et la mise en adjudication d'une vacherie est un véritable événement.

Afin de bien préciser tout ce que nous avons dit précédemment, nous donnons le détail complet des dépenses et des recettes de la vacherie du Plan-d'Utelle, pour une saison moyenne de quatre mois ou cent vingt jours, en prenant pour type l'année 1872.

Le personnel se compose de six hommes, savoir :

Un berger en chef, payé pour la saison.........		150 fr.
Un berger en second —	....	100 —
Un fromager ou fruitier —	....	150 —
Un aide fruitier —	....	80 —
Un muletier avec un mulet (2 voyages par semaine).....................................		200 —
Un laboureur avec une paire de bœufs.........		200 —
Dépense totale du personnel.........		880 fr.

Tous ces ouvriers sont nourris aux frais du fermier. Leur nourriture est simple, et se compose de pain trempé dans le lait bouilli ; jamais de vin ni de viande. On peut l'évaluer à 25 centimes par jour et par homme, car le lait est prélevé sur le produit général des vaches.

	F. C.
Soit pour 720 journées d'homme..............	180.00
Payement du personnel comme ci-dessus......	880.00
Le prix du fermage, pour 1872, est de........	567.00
Les vacations des délégués sont, en argent, de.	65.00
Plus 37 kilog. de fromage à 1 fr. 10 le kilog...	40.70
Le droit de cabanagio (16 kilog. de fromage au maire).....................................	17.60
La réparation des ustensiles, granges, etc......	50.00
Entretien de cinq taureaux à la charge de l'adjudicataire.................................	90.00
Droit de tasca, environ......................	100.00
Quatre charges de sel........................	60.00
12 journées d'homme pour entretien du chemin.	18.00
Total des charges.....................	2,068.30

Les bénéfices bruts de l'adjudicataire peuvent se calculer ainsi :

	F. C.
Taxe sur les vaches, à 2 fr. par tête, pour 160..	320.00
50 hectolitres de Pommes de terre à 3 fr. 50...	175.00
60 hectolitres de Seigle à 16 fr...............	960.00
Paille de Seigle.............................	100.00
Produit de 12 cochons, à 6 fr..................	72.00
Part de l'adjudicataire, 1 neuvième du produit total, soit environ 900 kilog. de fromages et de brous, dont 2/3 de fromage, soit 600 kilog. à 1 fr. 10...............................	660.00
Et 1/3 de brous, soit 300 kilog. à 75 cent.......	225.00
Total des produits.............	2,512.00

La différence entre les recettes et les dépenses n'est que de 444 francs.

Par conséquent, les journées de l'adjudicataire ne ressortent qu'à 3 fr. 70 pendant les cent vingt journées d'été. Peut-être ce chiffre devrait-il être un peu augmenté, mais fort peu, car l'adjudicataire appartient à la même classe de travailleurs que le fruitier et le berger chef, qui ne gagnent que 1 fr. 25 par jour, comme on l'a vu, puisque leur traitement est de 150 francs pour cent vingt jours de travail. Il s'estime encore heureux de gagner le triple.

900 kilogrammes représentent le neuvième brut de la production de la vacherie d'Utelle pendant une saison ; il

n'en faut pas conclure, pourtant, que les propriétaires de vaches aient à se partager les huit autres neuvièmes, c'est-à-dire 7,200 kilogrammes de fromage ou de brous ; car il y a lieu de déduire, au détriment de cette production, tout le lait consommé par le personnel de l'exploitation, celui consacré à la nourriture des délégués et des habitants, quand ils montent à la vacherie ; aussi chaque propriétaire de vaches ne reçoit-il, en moyenne, que 40 kilogrammes au plus (2/3 fromage, 1/3 brous) par vache, au lieu de 45, qui serait la proportion exacte.

On voit que, tout compte fait, le produit serait d'environ 51 kilogrammes par vache. Comme à Utelle le pâturage est bien abrité, que les herbes y sont nourrissantes et que l'étendue des terrains (3 hectares par tête de bétail) maintient, pendant toute l'année, les animaux en bon état, leur lait est de très-bonne qualité, et on calcule que 11 à 12 litres ou kilogrammes de lait suffisent pour faire 1 kilogramme de fromage. Chaque vache produirait donc environ 600 kilogrammes de lait par saison, ou 5 kilogrammes, en moyenne, par jour. Ce calcul est confirmé par les pesages faits deux fois dans le cours de l'alpage.

Cette moyenne est dépassée dans quelques vacheries, où elle atteint jusqu'à 6 kilogrammes, mais rarement. Elle est inférieure dans d'autres vacheries ; en général, il ne faut compter que 4 kilogrammes 1/2 pour le produit en lait, moyen et journalier, d'une vache de qualité ordinaire, dans le comté de Nice, pendant la saison d'été (1).

Nous sommes loin de la Suisse !

Les 40 kilogrammes, savoir : 26 kilogrammes à 1 fr. 10 et 14 kilogrammes de brous à 75 centimes, représentent par vache un revenu moyen d'une quarantaine de francs par saison (39 fr. 10).

Souvent, les vacheries communales n'ont pas d'adjudicataire proprement dit. Le conseil municipal, dans l'intérêt

(1) Voir les ouvrages de Tschudy et de Marchand (note N).

des habitants, s'en réserve la haute direction et la surveil·
lance. Alors il confère à un de ses membres les pouvoirs et
les priviléges nécessaires, et les choses se passent comme
nous venons de l'expliquer pour Utelle, sauf que les habitants se cotisent pour payer le fruitier et le berger. La répartition des produits se fait sur les mêmes bases, ainsi que
celle des frais d'exploitation.

Dans toutes les vacheries, les animaux reviennent le soir,
d'assez bonne heure, près de la cabane où se fabrique le
fromage. On les fait entrer dans des parcs où ils passent la
nuit exposés ordinairement à toutes les intempéries et sans
aucun abri.

Leur seule protection habituelle est un mur en pierres
sèches ou une barrière en bois, qui n'ont généralement pas
plus de 1ᵐ,50 de hauteur. Ils sont donc exposés à l'attaque
des loups qui viennent souvent rôder dans le voisinage,
mais les chiens font bonne garde et les bergers veillent. On
tire quelques coups de fusil quand les loups approchent de
trop près, et en somme les pertes sont rares.

Notons que dans quelques communes de la vallée de la
Tinée, où la température est plus froide que dans le surplus
du pays, on abrite les vaches au moyen de vastes hangars
construits en bois. Cette amélioration tend à devenir plus
générale et sera une des plus avantageuses qu'on puisse introduire dans l'élevage du gros bétail.

On trait les vaches deux fois par jour : la première fois,
le matin, avant leur départ pour le pâturage; la seconde
fois, le soir, à l'heure du retour. Il faut donc faire cuire
deux fois le fromage quand elles sont nombreuses; aussi le
métier de fruitier est-il très-fatigant, car on doit travailler
jour et nuit.

Le fromage, une fois fabriqué dans les formes et les dimensions ordinaires, est déposé dans une cabane spéciale,
aux murs épais, adossée à de gros rochers, et qui constitue

une espèce de cave peu accessible aux influences climaté-
riques. C'est là qu'il acquiert ses qualités et qu'il se con-
serve jusqu'au moment où on le descend dans les villages
(29 septembre).

Quand des bois appartenant à la commune se trouvent
dans le voisinage de la vacherie, il est ordinairement permis
à l'adjudicataire de s'en servir pour l'alimentation de son
industrie, et même pour la réparation des bâtiments à son
usage. La quantité de bois consommée pour l'industrie
pastorale n'est pas aussi considérable dans le comté de Nice
qu'en Suisse; M. Marchand l'évalue à environ un mètre cube
par vache, pour ce dernier pays, pendant la saison de l'alpage. Les produits sont moins abondants et le froid est
moins vif ici qu'en Suisse ; on peut donc largement réduire
cette évaluation de moitié. C'est une charge insignifiante
pour des forêts dans lesquelles le bois mort abonde.

, La réunion d'animaux nombreux dans les parcs (il y a
souvent 100 et 200 vaches dans une seule vacherie) y' accumule une quantité considérable d'engrais, dont malheureusement la majeure partie est perdue, car les cultures
sont ordinairement trop éloignées pour que les frais de
transport ne dépassent pas la valeur du fumier, et on regarde à tort les pâturages comme suffisamment fumés par le
séjour des bestiaux pendant le jour.

Quand les cultivateurs peuvent venir enlever l'engrais avec
avantage, alors on a soin de stipuler dans les baux la part
du fermier et celle des propriétaires.

On a cherché à compenser cette perte habituelle d'engrais
par la concession, aux adjudicataires, du droit de cultiver les
terrains communaux voisins, quand ils sont aptes à donner
du Seigle et des Pommes de terre, seules récoltes auxquelles
on puisse prétendre dans ces régions élevées ; c'est ce que
nous avons vu pour Utelle.

Mais il leur est sévèrement défendu de défricher des terrains nouveaux.

Ils sont tenus de rendre en bon état, à la fin de leur bail, non-seulement les bâtiments, mais encore les ustensiles, cuves, récipients, etc., dont ils font usage pour la fabrication du fromage, et même les auges et abreuvoirs situés près des fontaines qui servent pour les besoins du bétail. Ils doivent entretenir également en bon état les sentiers conduisant aux villages.

Il leur est généralement défendu de faucher l'herbe et de couper du foin, dont ils pourraient faire commerce; cette défense ne supporte d'exception que pour le foin destiné à la nourriture des mulets servant au transport des produits de la vacherie (voir *Utelle*).

Nous avons dit que les adjudicataires sont tenus d'entretenir un taureau pour trente vaches à peu près ; cette charge est compensée par l'autorisation de nourrir des porcs, dans la proportion ordinaire d'un porc pour dix vaches.

Ces animaux se rendent fort utiles en mangeant le petit-lait, et ils s'engraissent rapidement. Les habitants les confient aux fermiers ou adjudicataires des vacheries, qui consentent à les garder et à les nourrir, moyennant une rétribution de 6 francs, en moyenne, pour les quatre mois d'été. Les porcs font parfois des dégâts dans les pâturages ; aussi a-t-on l'habitude de les enclouer pour les empêcher de fouiller les gazons.

Il est toujours défendu aux habitants de se servir des pâturages affectés aux vacheries, avant le commencement de la saison, c'est-à-dire avant le 1er juin.

Mais, une fois les vaches descendues de la montagne, les terrains qui leur étaient réservés deviennent libres et servent au parcours des menus bestiaux, principalement des moutons, jusqu'à ce que la mauvaise saison arrive et qu'on les envoie dans les pâturages d'hiver.

Le nombre des vaches à introduire dans les vacheries est toujours déterminé d'avance par le cahier des charges, conformément à l'usage et à la possibilité des pâturages. Le plus souvent, les vacheries sont réservées, comme à Utelle, pour l'usage exclusif des habitants, qui forment ainsi une espèce de syndicat.

Nous avons dit que l'alpage dure généralement du 1er au 30 septembre de chaque année ; il y a des exceptions à cette règle, mais elles sont rares.

Ainsi, à Lantosque, la vacherie de la Maïris dure du 7 mai au 30 septembre ;

A Lantosque, la vacherie de Tardio dure du 10 mai au 30 septembre ;

A Roquebillère, la vacherie de Sirvol dure du 3 mai au 30 septembre ;

A Luceram, la vacherie de Cuoallas dure du 1er mai au 8 octobre.

Ces variations, peu importantes, n'infirment pas la règle générale.

5° VACHERIES PARTICULIÈRES. — PATURAGES AFFERMÉS. — LA VACHERIE DE L'AUTHION.

Parlons maintenant des vacheries qui sont organisées, non plus par les administrations municipales, mais par des particuliers, possesseurs ou locataires de terrains propres au parcours.

Ces vacheries sont plus rares que les précédentes ; il en existe pourtant de très-importantes, parmi lesquelles nous citerons celle de l'Authion, située au sommet de la célèbre montagne de ce nom, sur le territoire de la commune de Breil.

Dans l'espèce de vacherie qui nous occupe, l'adjudicataire ou fermier du droit de pâturage sur un terrain déterminé paye aux propriétaires des vaches une somme qu'il débat avec eux, savoir : 15, 18, 20, 24, en moyenne 20 fr. par tête, pour les quatre mois de la saison, et les produits de ces animaux lui appartiennent. Il en dispose à sa volonté et sans contrôle. C'est dire qu'il fait le plus possible de beurre. Le fromage, qui, alors, est de qualité inférieure, reçoit une préparation plus soignée, et se vend tout de même, tant les besoins de cette denrée sont grands dans le pays.

La vacherie de l'Authion peut recevoir jusqu'à 300 et 320 vaches, au maximum.

L'étendue des pâturages qui en dépendent est de 321 hectares 24 ares.

Ils sont de la meilleure qualité. C'est un beau spectacle que de voir, au mois de juillet, ces magnifiques pelouses de gazon couvertes des fleurs les plus rares, les plus variées et les plus brillantes. Les botanistes y trouvent une mine inépuisable d'observations et de découvertes.

Ces vastes pâturages, aujourd'hui sans ombrage et sans abri, étaient autrefois recouverts de magnifiques Mélèzes, dont on aperçoit encore debout quelques rares sujets épars, au milieu de nombreuses souches, derniers restes d'une végétation jadis puissante.

En 1635, la commune de Breil, pressée par ses créanciers, vendit, pour une assez forte somme, le droit de pâturage dans l'Alpe en question à des particuliers, dont les descendants le possèdent encore aujourd'hui ; mais elle se réserva la propriété du sol et celle des arbres ; et, pour assurer leur conservation, elle stipula dans l'acte de vente une série de précautions auxquelles l'acquéreur du pâturage devait se conformer pour favoriser la reproduction des jeunes Mélèzes.

Mais l'intérêt de ce dernier était en opposition avec celui de la commune, et celle-ci, dont les droits n'ont pas été sauvegardés, a succombé dans la lutte. Elle est bien toujours propriétaire du sol, mais le pâturage est aujourd'hui le seul revenu. Il faut aller chercher déjà au loin le bois de chauffage nécessaire à l'exploitation de la vacherie, et bientôt la disette du combustible se fera vivement sentir.

La montagne de l'Authion, dont le sommet est à 2,090 mètres d'altitude, est essentiellement pastorale. Des vacheries appartenant aux communes de Saorge, Bollène, Moulinet sont situées à peu de distance et presque sur ses flancs.

Les bâtiments de celle qui nous occupe sont placés, ainsi que le parc, au centre des pâturages, dans un repli de terrain qui offre un peu d'abri, précaution nécessaire à une aussi grande altitude.

Dans le voisinage immédiat, on trouve encore la trace très-visible des anciens campements occupés pendant plusieurs années par les armées austro-sardes qui, de ce point stratégique important, tinrent longtemps en échec les armées françaises pendant les guerres de la Révolution.

De vastes chaudières utilisées nuit et jour, et un personnel de fruitiers assez nombreux, permettent la transformation rapide de l'immense quantité de lait produite journellement.

Des taureaux et des porcs sont attachés à la vacherie comme partout ailleurs.

Le fermier paye 3,400 francs au propriétaire du pâturage pour chaque saison d'été.

Nous donnerons plus loin le détail des recettes et des dépenses de cette exploitation.

Nous avons dit que la contenance des pâturages de l'Authion est d'environ 320 hectares, qu'ils sont excellents, et qu'on y admet jusqu'à 320 vaches. Cette quantité d'animaux n'y séjourne pas durant tout l'été. On peut évaluer à 250 la moyenne des vaches réellement admises au pâturage pendant la saison entière.

Il en résulte que, dans le comté de Nice et dans les meilleures conditions, il faut plus d'un hectare de pâturage pour nourrir une vache pendant les quatre mois d'alpage (exactement 1^h. 28). Dans des conditions ordinaires, le double de terrain est nécessaire, soit 2^h. 56 en moyenne. En Suisse, le minimum descend jusqu'à 60 ares; mais il est notoire que les pâturages de ce pays sont bien plus beaux que ceux des Alpes-Maritimes (1).

On calcule que, pour une vacherie d'importance moyenne contenant environ une centaine de vaches, il faut deux bergers pour surveiller, conduire et traire le troupeau. Le plus ancien des deux bergers prend le nom de *pâtre-mage*, il est le directeur, l'autre lui est subordonné.

Il y a également, dans chaque vacherie d'importance moyenne, un fruitier (en patois *fruccié*), qui est chargé de la fabrication des produits, de la direction des parcs, des bâtiments, des vivres, etc.; il porte tous les jours les fromages à la cabane spéciale où on les dépose. Il les sale, et les retourne, quand cela est nécessaire.

Il aide à traire le lait. Une fois cette opération finie, les bergers se réunissent et passent la revue du troupeau, en appelant toutes les vaches chacune par son nom, nom qui, bien entendu, est celui du propriétaire.

Cet usage se justifie, car dans ces pauvres montagnes pastorales les bestiaux font presque partie de la famille.

Si quelque vache manque à l'appel, on la cherche activement jusqu'à ce qu'elle soit retrouvée.

Le fruitier a un aide chargé d'entretenir la propreté dans la cabane et dans les ustensiles, et d'apporter le bois. Cet aide est également chargé de la garde et de la nourriture des porcs.

Ces quatre personnes suffisent à l'exploitation d'une vacherie moyenne. Leur nombre augmente en proportion de l'importance des troupeaux; ainsi, à la vacherie de l'Authion, il y a quatre bergers, quatre fruitiers et un bûcheron.

(1) Voir *les Torrents des Alpes et les pâturages*, par MARCHAND. — Paris, 1872.

11

Les vaches du comté de Nice sont de race moyenne et paraissent bien appropriées aux exigences du pays; elles donnent des produits satisfaisants, surtout pendant la saison d'été. Pourtant elles ne fournissent pas 8 et 9 kilogrammes de lait par jour, comme celles de Suisse (1). Leur rendement moyen, ainsi que nous l'avons dit, est de 4 kilogrammes et demi, c'est à peu près comme celles du Valais (2).

La valeur d'une vache laitière, dans le comté de Nice, varie de 120 à 180 francs, suivant ses qualités; la moyenne est de 150 francs. Les bœufs de travail, qui sont, d'ailleurs, peu nombreux, valent de 100 à 150 francs, soit, en moyenne, 120 francs. Les veaux, suivant leur âge, se vendent de 30 à 50 francs, en moyenne 40 francs.

Le produit moyen d'une vache, en Suisse, pendant l'alpage, est de près de 54 francs.

Nous avons vu que, à Utelle, ce produit pouvait atteindre 39 fr. 10; c'est là un maximum, car on n'y admet pas les mauvaises vaches. A l'Authion, le prix moyen de leur location est de 20 francs pour la saison. Nous croyons que la moyenne de ces deux chiffres, soit 29 fr. 55, peut donner le produit approximatif d'une vache dans le comté de Nice pendant les quatre mois d'été. On voit que c'est un peu plus de moitié du produit des vaches suisses.

Nous avons dit que le fromage est fabriqué par des hommes de l'art avec tous les soins désirables; cependant il est bien inférieur aux produits similaires de Suisse et d'Italie. Cela tient-il à la nature des pâturages, à l'espèce des vaches, ou au mode de fabrication? nous l'ignorons; pourtant nous croyons que la principale raison en est dans l'insuffisance des procédés employés, lesquels ne sont pas au niveau des progrès de la fabrication dans les autres contrées. Il y a donc de grands perfectionnements à apporter dans cette industrie, et certainement on pourrait mieux faire. Pourtant il faut

(1) Voir *le Monde des Alpes*, par TSCHUDY.
(2) Voir *les Torrents des Alpes et les pâturages*, par MARCHAND.

une si grande quantité de fromage dans un pays où l'usage
des pâtes est très-répandu, que nous ne saurions affirmer si
la quantité et le bon marché ne sont pas préférables à une
qualité supérieure, dans le cas où la production devrait être
moindre et les prix plus élevés.

Le beurre est de qualité très-bonne, quand il est fabriqué
avec soin, sans atteindre, toutefois, à la rare perfection de
celui connu, à Nice, sous le nom de beurre de Milan.

Les produits de la vacherie de l'Authion et ses dépendances peuvent s'établir ainsi. Nous prenons, comme type,
une saison moyenne de quatre mois ou cent vingt jours;
celle de **1872**, par exemple :

Le personnel se compose de dix hommes :

Un berger en chef, payé pour la saison..............	150 fr.
Un berger en second —	100 —
Deux aides payés chacun 80 fr......................	160 —
Un fruitier en chef................................	150 —
Un second fruitier.................................	100 —
Deux aides, payés chacun 80 fr	160 —
Un muletier avec deux mulets (tout le temps).... ...	1,000 —
Un bûcheron.......................................	80 —
Total...................	1,900 fr.

Tous ces ouvriers, excepté le muletier, quand il est en
voyage, sont nourris aux frais du fermier. Leur nourriture
est, comme dans toutes les vacheries, composée de pain et
de lait bouilli; ni viande, ni vin. Elle peut s'évaluer à
50 centimes par jour et par homme, ce qui est plus cher
qu'à Utelle, parce que, à l'Authion, il n'y a pas de terrains
cultivés, dépendant de la vacherie, et qu'il faut tout y
apporter et tout estimer.

Pour 1,200 journées, cela fait donc 600 fr., et 1,900 fr. pour les ouvriers, soit au total, pour le personnel.	2,500 fr.
Le prix du fermage est de..........................	3,400 —
L'entretien de la cabane revient, en moyenne, à.....	50 —
Il faut à peu près six taureaux à 18 fr. l'un..........	108 —
Prix de location de 250 vaches, à 20 fr. l'une en moyenne	5,000 —
Total des dépenses...............	11,058 fr.

Les recettes peuvent se calculer ainsi :

Les **250** vaches donnent, en moyenne, 4 litres et demi de lait par jour, soit, pour cent vingt jours, **135,000** litres ou kilogrammes, qu'il faut réduire à **130,000** pour tenir compte de la quantité consommée en nature, sur place, pour la nourriture du personnel, des propriétaires des vaches, quand ils viennent voir leurs animaux, etc.

On calcule qu'il faut **40** kilogrammes de lait pour faire **1** kilogramme de beurre ; c'est donc une quantité de **3,250** kilogrammes de beurre pour la saison, qui,

	F.
A 1 fr. 80 l'un, donne une somme de............	5,850.00
Il faut ensuite environ 15 kilog. de lait écrémé pour faire 1 kilog. de fromage ou de brous ; donc on a environ 8,666 kilog. de ces produits, dont les deux tiers, 5,778 kilogr. de fromage, à 90 c.	5,200.20
Et 2,888 kilog. de brous, à 50 cent...............	1,444.00
Les prix, comme les qualités, sont inférieurs à ceux d'Utelle, à cause de l'écrémage pour le beurre ; ajoutons le produit des cochons, 15 à 6 fr. l'un..	90.00
Le total des recettes est de..........	12,584.20
Celui des dépenses étant de........	11,058.00
Le bénéfice net du fermier est de....	1,526.20

En fait, il est plus considérable, parce qu'il est lui-même muletier, et qu'il trouve à gagner, d'une manière certaine, **8** francs par jour pendant toute la saison d'été ; ce qui est déjà un gain important. Mais on voit que, eu égard aux avances, à la responsabilité, aux lourdes charges de l'affaire, les bénéfices sont assez restreints.

Mentionnons, pour mémoire, la quantité de bois consommée, chaque saison, à l'Authion. Elle n'excède pas **120** stères ; mais il faut aller le chercher fort loin. A Utelle, **70** stères suffisent, et la forêt est très-près. C'est moins d'un demi-mètre cube par vache.

On trouvera, sans doute, que la quantité de lait produite par vache, **4** kilogrammes **1/2**, en moyenne, par jour, est bien faible dans des pâturages que nous avons

signalés parmi les meilleurs du comté de Nice. L'Authion
présente, en effet, réunis sur un même point, les plus belles
pelouses et les plus beaux gazons qu'on puisse rencontrer
dans les Alpes-Maritimes. Mais son altitude (2,090 mètres)
est bien élevée; l'abri y manque complétement, les intempéries s'y font donc sentir vivement, soit au commencement, soit à la fin du pâturage d'été, qui s'en trouve ainsi
souvent retardé ou abrégé. De plus, on y a contracté la
fâcheuse habitude d'y parquer les animaux, sans aucun abri,
dans des enceintes permanentes qui deviennent, au bout de
peu de jours, des cloaques infects et malsains; aussi les bestiaux y contractent facilement des maladies. En outre, le
nombre des vaches, qui est de près d'une par hectare, est
fort considérable; enfin, si l'herbe est épaisse et abondante,
on doit reconnaître que, poussant sur un sol frais et parfois
humide, elle est moins nourrissante que celle d'autres pâturages moins favorisés en apparence et mieux situés comme
altitude et comme exposition. C'est le cas de la vacherie
d'Utelle qui, exposée généralement au midi, donne des produits supérieurs en qualité et même en quantité relative,
ainsi que nous l'avons dit précédemment.

6° PATURAGE D'ÉTÉ DES AVÉRAGES.

Pour terminer l'étude du pâturage d'été, il nous reste à
parler du menu bétail (chèvres et moutons), connu, dans le
comté de Nice, sous le nom d'avérages.

Nous avons déjà dit que les chèvres n'étaient pas admises
dans la majeure partie des bois des communes, car ils sont
soumis au régime forestier. Par contre, les moutons y pacagent partout, à peu près dans les cantons défensables. Il
y a bien certains cantons de forêts qu'on commence par
livrer au parcours des vaches pendant les premières années
de leur défensabilité; mais on peut dire qu'en général, sauf
dans les parties de forêts dépendant des vacheries, les moutons vont partout. Des décrets spéciaux le permettent. Nous

disons moutons, par habitude, mais, en réalité, les brebis sont beaucoup plus nombreuses que les moutons dans le comté de Nice.

Le pâturage d'été dure quatre mois pour les avérages, comme pour les vaches, savoir : du 1er juin au 30 septembre.

Les moutons occupent les meilleurs des cantons délaissés par les vaches ; les plus sauvages, les plus escarpés sont réservés aux chèvres.

Les troupeaux de ces animaux paissent ordinairement séparés ; mais leurs produits sont souvent confondus pour la fabrication du fromage, qui se fait dans les mêmes conditions que le fromage des vaches.

Tantôt les pâturages, qui appartiennent, en général, aux communes, sont affermés pour la saison, à prix d'argent, à des bergers propriétaires de troupeaux ; tantôt les propriétaires du pays s'associent pour faire surveiller à frais communs les animaux qu'ils possèdent, et pour partager ensuite le bénéfice de cette exploitation.

Nous ne pourrions entrer dans des détails sur ce point, sans répéter ce que nous avons déjà dit à propos des vacheries. Il existe, dans les pâturages destinés aux chèvres et aux moutons, des cabanes pour fabriquer et déposer le fromage ; elles sont munies des ustensiles nécessaires, dont nous avons expliqué l'usage.

Ajoutons, cependant, qu'on impose d'ordinaire aux conducteurs de ces troupeaux l'obligation (qui ne s'impose pas aux troupeaux de vaches) de les faire coucher successivement dans les diverses propriétés particulières du voisinage, quand leur altitude y permet certaines cultures.

Ce parcage donne lieu à la perception, par les bergers, de sommes fixées d'avance, et représentant le prix du fumier produit par la stabulation nocturne.

Les avantages dont nous avons parlé, à propos des vacheries, sont concédés habituellement pour le pâturage des avérages, en ce qui concerne l'usage des bois de la commune. D'ailleurs, cette concession donne lieu actuellement à peu d'abus, car le plus souvent, le bois mort suffit à tous les besoins.

Ce sont aussi des hommes spéciaux (fruitiers) qui font le fromage.

La production n'en est pas très-considérable, car il arrive souvent que les brebis allaitent pendant longtemps les agneaux, qu'on réserve pour les vendre seulement dans leur deuxième année.

En général, les produits des avérages n'ont pas une grande importance pendant la saison d'été ; ce n'est pas le moment de la naissance des agneaux et des chevreaux ; et les moutons se tondent ordinairement au mois de mai et au mois d'octobre, c'est-à-dire avant et après cette saison.

Les pâturages d'été sont fréquentés d'abord par les troupeaux du comté de Nice, puis par une partie de ceux de Tende et de la Briga. Ces deux communes, essentiellement pastorales, où une grande partie de la population exerce la profession de berger, possèdent d'immenses troupeaux, pour la dépaissance desquels les herbages considérables situés sur leurs propres territoires ne sont pas suffisants. Ils vont aussi, jusqu'en Piémont, exploiter les ressources pastorales de cette contrée.

Les bergers de la Provence conduisent encore des troupeaux transhumants dans le comté de Nice ; on en rencontre, nous l'avons déjà dit, du côté de Saint-Étienne, de Saint-Dalmas-le-Selvage, etc., dans l'arrondisssement de Puget-Théniers ; mais ils sont moins nombreux qu'autrefois, et leur présence, toujours très-regrettable et très-préjudiciable, ne semble pas exercer une influence aussi complétement désastreuse que dans le surplus des Alpes françaises (1).

Des troupeaux considérables se gardent assez facilement, dans les déserts de la région pastorale où s'exerce le pâtu-

(1) Voir la note B.

rage d'été ; le nombre des bergers est plus grand en hiver, saison où l'on pâture près des propriétés privées.

En moyenne, un berger peut garder, dans les hauts pâturages d'été, 150 moutons ou chèvres. Il est aidé d'un gros chien. Un seul fruitier suffit à la fabrication du fromage pour plusieurs troupeaux de cette importance.

Les cabanes étant assez rares, il s'installe dans l'une d'elles avec son matériel ; les bergers se réunissent, à la chute du jour, près du parc voisin, et ils aident à traire les troupeaux le soir et le matin.

Remarquons que la qualité de la laine est meilleure à Saint-Dalmas et à Saint-Étienne qu'à Saint-Martin-Lantosque, et dans cette dernière commune qu'à Saorge, Briga et Tende. Donc, plus on va vers le Nord, plus la qualité augmente, et réciproquement.

Dans la partie méridionale du comté de Nice, on vend les agneaux fort jeunes ; ils rapportent de 5 francs à 6 francs à un ou deux mois.

Dans le nord de la province, on les élève avec soin jusqu'à deux et trois ans. L'élevage porte pourtant beaucoup plus sur les brebis, qui donnent du lait et des agneaux, que sur les moutons proprement dits.

Outre les troupeaux dont nous venons de parler, il y a dans toutes les communes de la montagne le troupeau de la boucherie, destiné exclusivement à donner de la viande aux habitants à un prix déterminé. Le privilége de la boucherie a pour conséquence la jouissance de certains pâturages, réservés avec soin pour la nourriture du troupeau. Ce privilége s'acquiert par adjudication publique. Il impose certaines charges, en compensation de la gratuité des pâturages et du monopole; ainsi la viande doit être vendue à un prix maximum fixé; le nombre de têtes à abattre est déterminé d'avance, etc., le tout en proportion des besoins de la population.

D'autres troupeaux, composés exclusivement de chèvres, portent le nom de *casolana* ou *capraira-caulana*; ils pâturent généralement de mai à novembre. Les chèvres qui les composent sont au nombre d'une ou deux par ménage, et prises parmi les meilleures laitières ; on les fait pacager sous la garde d'un pâtre commun, dans des terrains choisis appartenant à la commune et situés à peu de distance du village, où elles rentrent chaque soir apporter leur lait à leurs propriétaires. Elles produisent un litre de lait par jour en moyenne ; elles remplacent avantageusement, en été, les vaches, qui sont dans les alpages éloignés.

Le pâtre de la *casolana* ne reçoit d'ordinaire aucun traitement pour les 120 ou 150 chèvres qu'il garde. Mais, sur les sept jours de la semaine, il en a un pour lui ; il fait coucher les chèvres dans une étable particulière ce jour-là, et le lait et le fumier lui appartiennent.

Le lait des brebis et des chèvres des troupeaux ordinaires, converti en fromage *pendant l'année entière*, donne à peu près les quantités suivantes :

Pour 1 chèvre, environ de **8** à **10** kilogrammes de fromage à **1** franc, soit de **8** à **10** francs.

Pour 1 brebis, environ de 6 à 8 kilogrammes de fromage, à **1** franc, de 6 à 8 francs.

Le revenu de ces animaux est donc important et représente, frais déduits, une grande partie de leur valeur, c'est-à-dire du capital engagé, car les brebis valent de **12** à **13** francs, et les chèvres de **10** à **12** francs en moyenne ; les moutons atteignent le prix de **18** à **22** francs.

Quand on ne fait pas de fromage, nous avons dit que la chèvre, dans de bonnes conditions, peut donner un litre de lait par jour ; la brebis n'en donne guère qu'un demi-litre. Mais il est plus caséeux.

En outre, le produit de la laine a une certaine valeur ; chaque mouton ou brebis peut en donner, en moyenne, de **1** kilogramme à **1** kilogramme 1/2, ce qui, à **1** fr. **50** ou **2** francs le kilogramme, représente une valeur de 2 à 3 fr. par an.

A Saint-Etienne, les moutons donnent, chacun, jusqu'à

2 kilogrammes de laine, d'une valeur de 2 fr. 50, à cause de sa qualité, ce qui fait un revenu de 5 francs par bête. Le produit des avérages est donc considérable. Nous nous réservons d'en parler encore à propos du pâturage d'hiver, saison pendant laquelle naissent les chevreaux et les agneaux.

Il nous reste à dire quelques mots des races de chèvres et de moutons du comté de Nice.

Les chèvres sont généralement petites et donnent assez de lait. Leur race paraît indigène et appropriée au pays. Elle est unique.

Les moutons sont de plusieurs espèces. Celui d'Arles se trouve du côté de Saint-Etienne et de Saint-Dalmas, mais en été seulement, par suite de la transhumance. On voit très-rarement l'espèce des moutons d'Italie, appelée *bergas* dans le patois local, ce qui veut dire *bergamasques*. A Luceram, Lévens, Tourrette, Coaraze, Saorge, Tende et Briga, on rencontre l'espèce indigène du pays.

A Saint-Martin-Lantosque, Venanson, Valdeblore, etc., l'espèce est intermédiaire entre celle du pays et le mouton d'Arles. Il y a eu sans doute croisement.

Les qualités de ces diverses espèces de moutons, ainsi que leurs défauts, peuvent se résumer en quelques mots : le mouton d'Arles a une viande très-bonne et une toison de première qualité; il est, d'ailleurs, destiné à la boucherie. Le mouton indigène a une laine médiocre et une viande assez bonne. Le mouton de Saint-Martin-Lantosque est supérieur au précédent pour la laine. Sa viande est meilleure que celle du mouton indigène, ce qui s'explique, car, en général, la masse des troupeaux de bétail indigène se compose de brebis destinées à produire des agneaux et du lait. On élève peu de moutons, et on les châtre tard, après qu'ils ont servi comme béliers. A Saint-Martin-Lantosque, au contraire, on élève beaucoup de moutons, qu'on châtre jeunes et qu'on engraisse.

Au point de vue forestier, le pacage des moutons est re

grettable dans les bois. C'est en grande partie à cette circonstance qu'on doit la rareté des semis naturels dans une
notable partie des forêts les plus intéressantes des Alpes-
Maritimes. Pourtant, il faut s'estimer heureux de voir qu'ils
ont remplacé les chèvres. Le mal a donc diminué ; c'est
déjà un progrès incontestable.

Nous compléterons ce que nous avons à dire sur les avérages en parlant du pâturage d'hiver, où ils jouent le rôle
le plus important ; mais auparavant, disons quelques mots
des pâturages de printemps et d'automne, qu'on peut
appeler pâturages intermédiaires.

CHAPITRE III.

Les pâturages intermédiaires.

On comprend sous ce nom les pâturages qui s'exercent
dans le comté de Nice, hors des deux saisons de parcours :
l'*été* et l'*hiver*. Leur importance est très-secondaire. Nous
donnerons pourtant quelques explications à leur sujet.

Foderé les considère avec raison comme des dépendances
accessoires des pâturages d'été, leur étendue ne peut être
évaluée exactement.

Mais en se rappelant que, réunis avec les pâturages d'été,
ils composent les trois quarts de la zone pastorale, on peut
calculer que les pâturages intermédiaires ne comprennent
guère que le dixième de cette zone. Ils se divisent en pâturages de printemps et d'automne.

Les premiers sont très-rares ; car, dans la majeure partie
des montagnes, la neige fond rapidement en mai, et on
arrive sans grande transition au mois de juin, époque à
laquelle s'ouvre le pâturage d'été. Dans la partie méridionale du comté, le pâturage d'hiver s'exerce jusqu'au mois

de mai, et ensuite les chaleurs arrivent avec intensité. Par ces diverses causes, le pâturage de printemps proprement dit a donc fort peu d'importance.

Ainsi, on ne l'afferme jamais séparément ; il est réservé pour l'usage des bestiaux du pays ; cela permet d'attendre l'époque des alpages.

Les habitants qui en jouissent payent pourtant une certaine taxe, en général fort modérée, qui leur procure aussi la jouissance des pâturages d'automne.

Ceux-ci sont un peu plus importants. Le pâturage d'été finit ordinairement le 1er octobre, et celui d'hiver ne commence guère que le 15 novembre. La mauvaise saison chasse pendant ce temps les bestiaux de la haute montagne ; mais les pâturages d'altitude moyenne, ceux bien abrités, leur sont encore accessibles. Aussi, dans certaines communes, notamment à Belvédère, met-on en adjudication des pâturages d'automne, mais à la condition que les bestiaux qui ont passé l'été sur les montagnes voisines pourront seuls en bénéficier. Cependant, en général, ces pâturages sont réservés aux habitants.

Nous pouvons signaler, à propos des pâturages intermédiaires, les passages de bestiaux qui se font dans certaines communes du comté de Nice, soit pour leur arrivée dans les pâturages d'été, soit pour leur descente dans les pâturages d'hiver.

Ces passages suivent des routes pastorales bien déterminées et connues des bergers depuis des siècles. Il est inutile de dire qu'elles se font remarquer par leur stérilité exceptionnelle ; c'est la conséquence de leur destination, car elles servent à la fois de route et de pâturage.

Des cahiers des charges spéciaux règlent les itinéraires, les taxes à percevoir, les signes apparents qui indiquent les routes pastorales. A Sospel, le passage des bestiaux étrangers à travers le territoire de la commune coûte 10 centimes par bœuf, 15 millimes par brebis, 3 centimes par chèvre, 5 centimes par porc.

À Breil, la taxe est de 30 centimes par chaque troupeau de 50 têtes de menu bétail, ou 6 millimes par tête, etc.

Tout cela est délibéré, prévu, réglé d'avance, avec les mêmes soins minutieux que s'il s'agissait de millions et du budget de la France.

Il y a peu à dire des produits en nature des pâturages intermédiaires. On les consomme surtout dans le pays même, et ils ne font pas l'objet de transactions commerciales. Ils n'en sont pas moins utiles pour cela.

Terminons par une remarque spéciale au pâturage des vaches, pendant le printemps, dans la haute montagne.

À la fin d'avril et au mois de mai, quand les neiges fondent, les vaches sont introduites par petits troupeaux, au fur et à mesure que cela est possible, dans les terrains élevés, où les propriétaires possèdent presque tous des granges et des terres cultivables. L'herbe commence à pousser et ne suffit pas à leur nourriture. On leur donne donc du foin, qu'on a gardé précieusement en réserve. Alors, chaque propriétaire fait son beurre et son fromage. C'est la saison où les vaches ont le plus de lait, quand elles n'ont pas de veaux à nourrir, ce qui est ordinaire au printemps. On les met ensuite dans les vacheries du 1er juin au 1er octobre. Pendant l'automne, elles pâturent de nouveau dans les mêmes terrains, puis dans les prairies ; enfin on les met en stabulation pendant l'hiver.

Le pâturage des chèvres et des moutons n'a rien de particulier pendant l'automne. Pendant le printemps, il se confond avec le pâturage d'hiver, dont nous allons nous occuper.

CHAPITRE IV.

Le pâturage d'hiver.

1° SON EXERCICE DANS LE COMTÉ DE NICE.

Le *pâturage d'hiver*, quoique ne s'exerçant que sur environ le quart de l'ensemble général de tous les terrains propres au parcours, n'en a pas moins une grande importance et mérite un examen détaillé.

Nous ne désignons pas par l'expression ci-dessus cette sorte de pâturage qui consiste, dans chaque village de la haute montagne, à mener en dépaissance, pendant la mauvaise saison, les bestiaux de toute sorte, appartenant aux habitants, dans les parties les plus abritées du vent et de la neige, et à diminuer ainsi le fardeau de la stabulation, si lourd dans une région dépourvue de prairies, et où, par conséquent, les provisions de fourrages secs sont extrêmement difficiles à réunir. Cette espèce de pâturage n'a évidemment aucune organisation ; chacun en jouit comme il peut, et on n'en retire qu'un bénéfice indirect, celui que nous venons de signaler.

Il en est autrement du pâturage *d'hiver proprement dit*. Celui-ci consiste à introduire, en général, du mois de novembre au mois de mai de chaque année, dans les parties les plus chaudes du pays, et notamment dans toutes les communes du littoral, de nombreux troupeaux, en grande partie étrangers, que le manque de fourrage ne permet pas de laisser en stabulation pendant cette longue période d'environ six mois, et qu'avant tout il faut faire vivre jusqu'à l'été suivant.

On ne saurait se faire une idée de la triste nourriture

qu'on est obligé de distribuer en hiver aux troupeaux qui, par divers motifs, ne peuvent sortir des villages de la haute montagne. On donne aux vaches du foin mêlé avec de la paille de Blé ou de Seigle, et on les sort chaque jour, mais seulement pour les mener à l'abreuvoir ; leurs produits sont à peu près nuls pendant ce temps. On est réduit souvent à donner aux moutons et aux chèvres des feuilles de Chêne, des branches de Pin et d'autres arbres résineux, et très-peu de foin. On les fait sortir le plus possible, mais avec peu de résultats ; ne parlons pas davantage de leurs produits.

Le meilleur fourrage est réservé pour les vaches, qui ne peuvent profiter du pâturage d'hiver proprement dit, lequel ne leur offrirait pas de ressources suffisantes sous le rapport de la quantité et de la qualité des herbages. Elles restent en stabulation dans les villages.

Les moutons et les chèvres sont donc les seuls animaux qu'on envoie dans les pâturages d'hiver.

La partie méridionale du comté de Nice, exposée pendant l'été à des chaleurs brûlantes et à des vents desséchants, offre pendant cette saison l'aspect le plus désolé. Mais après les pluies dites de la Saint-Michel, qui ne manquent guère de tomber régulièrement à la fin de septembre ou au commencement d'octobre, on voit partout la verdure reparaître. L'herbe y est assez rare, les plantes y croissent par touffes un peu espacées : elles sont peu élevées, mais leur qualité est excellente et leur goût aromatique plaît à tous les animaux.

Depuis la perte de Tende et de la Briga, les pâturages d'hiver du comté de Nice sont plus que suffisants pour les bestiaux de la partie du pays annexée à la France. Quelques communes de l'arrondissement de Puget-Théniers envoient leurs moutons et leurs chèvres dans la Provence , mais cette circonstance est plus que compensée par les nombreux troupeaux qui viennent encore, comme autrefois, de Tende et de la Briga. Les bergers de ces deux communes sont industrieux, actifs, intelligents, économes ; ils payent bien, et afferment très-cher les pâturages d'hiver que les particuliers ou les communes leur louent sous le nom de *bandites*. Après avoir conduit pendant l'été leurs avérages dans la haute montagne, ils les conduisent pendant la mauvaise saison sur le littoral. Foderé calcule que **100,000** chèvres et moutons prenaient part, de son temps, à ce pâturage ; ce chiffre doit être réduit d'un quart, c'est-à-dire environ à **75,000**, parce que les chevreaux et les agneaux y sont compris par lui, complication que nous avons toujours eu soin d'éviter jusqu'à présent, ainsi que Foderé lui-même nous en a donné habituellement l'exemple.

Aujourd'hui, ce nombre est bien moindre ; on peut l'évaluer à **56,262**, savoir : **14,412** chèvres, et **41,850** moutons (1).

C'est beaucoup trop encore. Cette quantité se décompose ainsi :

1° Moutons venant de Tende et de la Briga...	27,296
2° Chèvres — — ...	4,828
Total pour ces deux communes......	32,124

Il faut ajouter les bestiaux du pays, au moins ceux des localités dans lesquelles le pâturage d'hiver peut s'exercer habituellement.

Leur nombre est, pour les moutons, de.......	14,554
Et, pour les chèvres, de.....................	9,584
Total pour les Alpes-Maritimes......	24,138
Total général pour le pâturage d'hiver.	56,262

Nous ne parlons pas des troupeaux des communes dans lesquelles ce pâturage est impossible, parce que, dans ces dernières, on garde généralement les troupeaux dans les étables. Chaque propriétaire possède une petite quantité de bestiaux et préfère les entretenir et les soigner lui-même ; tandis qu'à Tende et à la Briga, par exemple, tout le monde

(1) Voir la note C.

possède des troupeaux considérables, qu'il serait impossible de nourrir l'hiver, et qu'on est obligé d'envoyer au loin.

Les bergers de ces deux communes sont accompagnés de leurs femmes, qui les aident dans toute l'exploitation de leur industrie ; ils vendent le lait en nature, quand ils sont près des villes ; ils vendent les agneaux, les chevreaux, le fromage ; ils se font un gros revenu du fumage des terres, et, malgré tous leurs frais, ils rapportent beaucoup d'argent dans leur pays natal, où la plupart des propriétés sont acquises par eux.

Le prix de location des bandites est pourtant fort élevé : il atteint parfois de 10 à 11 francs par hectare, comme à Villefranche. Avant les travaux de reboisement, il rapportait même pour le mont Boron de Nice 1,500 francs pour 64 hectares, soit de 23 à 24 francs l'hectare environ, pour un simple parcours pendant six mois dans un terrain absolument nu et dépouillé ; mais ce sont là des prix exceptionnels. En moyenne, une bandite peut rapporter 6 francs à l'hectare.

Le pâturage d'hiver a un double but : d'abord, pour les bergers, de nourrir leurs troupeaux ; ensuite, pour les propriétaires, de fumer leurs terres.

Nous ne parlons pas, bien entendu, du but général, qui est de gagner de l'argent par le produit des troupeaux et par la location des herbages, celui-là saute aux yeux. Nous avons établi la nécessité de l'hivernage pour les bestiaux, parlons donc de l'engrais des terres.

La culture la plus productive de tout le comté de Nice, celle qui, dans les années heureuses, donne des résultats merveilleux et jette, dans le pays, des capitaux énormes, est celle de l'Olivier. Or, avant tout, il faut à cet arbre des engrais abondants, et comme il n'est répandu que dans la région la plus chaude, c'est-à-dire dans celle la moins apte à l'éducation du bétail, cette question des engrais est une grande difficulté à résoudre. Ajoutons que les autres cultures en consomment aussi beaucoup, que les communications sont

extrêmement difficiles, que les transports ne peuvent guère
se faire qu'à dos de mulet, et on comprendra l'importance
que les propriétaires des pâturages d'hiver ont attachée, de
tout temps, à l'introduction des bestiaux étrangers dans leurs
bandites pour la fumure des terres.

Nous disons étrangers, même quand ils viennent du comté
de Nice, car ils sont étrangers à la commune, où le pâturage
s'exerce.

Que ce soient les communes qui mettent en location les
pâturages d'hiver, ou que ce soient les particuliers (les unes et
les autres en possèdent), on a généralement la précaution
de stipuler, pour la fumure des terres, une série de conventions qui s'exécutent avec soin.

Les troupeaux de chèvres et de moutons sont toujours
séparés dans ces pâturages ; les chèvres sont envoyées dans
les endroits où elles peuvent causer le moins de dommages.
Un berger n'en conduit guère que 40 ou 50, tandis qu'un
seul pâtre suffit à garder de 120 à 150 moutons, ou plutôt
brebis, car nous savons qu'il y a bien plus de brebis que de
moutons proprement dits.

D'après les règlements municipaux, il est stipulé, à Sainte-
Agnès (village près de Menton), que les chèvres ne peuvent
pâturer que dans les terrains complétement dépouillés de
toute végétation agricole ou forestière. L'accès des terres,
non-seulement en culture, mais même en jachère, leur est
interdit. Les engrais sont répartis par le maire, suivant la
proportion des besoins et l'étendue des propriétés.

Tout propriétaire doit payer au berger, pour chaque nuit
de parcage sur ses terres, et cela par troupeau de 75 chèvres
ou moutons :

6 hectogrammes de farine d'Orge,

2 pains d'Orge de 400 grammes chacun,

50 grammes d'huile d'Olive.

Le cultivateur arrive dans son champ le lendemain du
parcage et enfouit immédiatement le fumier qui a été déposé
pendant la nuit.

A Gorbio, les troupeaux ne sont pas parqués dans les champs : on leur fait passer la nuit dans les étables. On ne doit, d'après le cahier des charges, que 15 centimes par nuit pour 50 moutons, et encore ces 15 centimes peuvent être payés en denrées du pays, à défaut d'argent.

A Castillon, les troupeaux doivent aussi passer la nuit dans des étables.

A Sospel, on les parque, chaque nuit, dans les champs, au pied même des Oliviers qu'ils doivent fumer.

Il en est ainsi dans les communes étendues, où le prix de transport de l'engrais, de l'étable au champ cultivé, coûterait beaucoup.

Cela s'appelle faire des vastières.

C'est surtout au printemps que les vastières sont productives; l'herbe qui commence à pousser est dévorée avec avidité par les animaux affamés, et l'engrais ainsi que le lait deviennent plus abondants; aussi c'est à cette époque qu'on en fait le plus.

Donnons encore quelques prix pour les *vastières*.

Dans la banlieue de Nice le prix du parcage de 50 moutons ou chèvres est, pour une nuit, de 75 centimes sur le terrain ; à Eza il n'est plus que de 50 centimes. Pour la même quantité d'animaux, et dans ces deux communes, le prix du fumier produit pendant une nuit dans une étable est de 25 centimes seulement.

En général, on préfère les moutons aux chèvres pour le parcage dans les terrains où il y a des cultures délicates, comme la Vigne, le Figuier, les Oliviers, etc., et on préfère les chèvres dans les parties moins bien cultivées, parce que leurs dommages y sont moins à craindre et que leur fumier est plus abondant et plus puissant.

La question des engrais est donc très-importante dans le pâturage d'hiver.

Nous avons dit d'une manière générale qu'il s'exerçait de novembre à mai de l'année suivante, comprenant ainsi presque tout le printemps.

Voici les dates précises en usage dans plusieurs communes :

A Roquebrune, du 1ᵉʳ novembre au 30 avril.
A Sainte-Agnès, du 25 novembre au 15 avril.
A Gorbio, du 1ᵉʳ décembre au 30 avril.
A Castellar, du 15 novembre au 20 avril.
A Castillon, du 25 novembre au 15 avril.
A Sospel, du 8 novembre au 1ᵉʳ mai.
A Trinité-Victor, du 11 novembre au 20 mai, etc.

Il nous reste, pour terminer cette étude, à résumer ce que nous avons déjà dit des produits du pâturage d'hiver. Nous en avons parlé accessoirement dans plusieurs circonstances ; outre l'engrais, ils consistent dans les agneaux et les chevreaux. Les agneaux naissent en novembre et décembre. On les vend de 5 à 6 francs à six semaines. Les chevreaux naissent en janvier et février, et se vendent, au même âge, à peu près le même prix, et même atteignent souvent 6 et 7 francs, leur peau ayant plus de valeur.

La laine se coupe généralement en octobre et en avril ; nous avons parlé de son rendement moyen par toison, qui est de 1 kilogramme à 1 kilogramme et demi par an et par bête, ce qui, à 1 fr. 50 ou 2 francs le kilogramme, fait une somme de 2 à 3 francs par mouton ou brebis. La coupe du printemps est plus abondante que celle de l'automne, elle représente les 3 cinquièmes du produit total de l'année.

La laine coupée en octobre est employée, dans les villages, à l'habillement et aux besoins divers de la population. Elle est de qualité secondaire.

Celle coupée en avril est meilleure et se vend pour faire des matelas et des couvertures. En somme, elle est de qualité fort ordinaire. Les laines réellement fines n'existent pas dans le comté de Nice.

Le bénéfice du lait, vendu en nature, est surtout important près des grandes villes ; on fait aussi, au printemps, avec le lait de brebis, des petits fromages gras, appelés *tomes*, qui sont fort recherchés.

Les bergers, outre la nourriture de leurs troupeaux, réalisent donc des bénéfices importants pendant le pâturage d'hiver, qui est aussi très-productif pour les communes et pour les propriétaires des bandites ; mais il est extrêmement dommageable, et c'est à son exercice qu'on doit principalement l'état fâcheux dans lequel se trouvent toutes les montagnes du littoral.

Nous reviendrons avec détail sur cette circonstance regrettable en traitant la question des améliorations.

2° DE L'INDUSTRIE PASTORALE A TENDE ET A LA BRIGA.

Nous avons déjà parlé bien des fois des bergers de Tende et de la Briga ; rappelons que ces communes, qui ont un territoire et une population considérables et qui faisaient jadis partie du comté de Nice, n'ont pas été annexées à la France en 1860, malgré le vote unanime des habitants. On comprend qu'elles ont conservé des relations commerciales très-fréquentes avec la province dont elles ont dépendu pendant des siècles. Les anciennes habitudes se sont donc conservées ; une grande partie des bergers du comté de Nice est choisie à la Briga, parce qu'on reconnaît l'aptitude spéciale de ses habitants pour soigner les troupeaux.

Mais, par suite de la liberté municipale illimitée et des abus forestiers de toute sorte que le gouvernement italien a cru devoir tolérer depuis dix ans dans ces deux communes, les tendances pastorales de leurs habitants ont pris une direction regrettable. Non-seulement des coupes immenses ont épuisé les vastes forêts de Tende et de la Briga, mais encore on a négligé l'industrie de l'élevage du gros bétail au détriment de l'éducation des moutons et des chèvres, qui sont bien plus préjudiciables aux jeunes repeuplements.

Les vaches, qui se trouveraient au milieu des magnifiques

pâturages de Tende, dans d'excellentes conditions pour prospérer, y sont peu nombreuses, nous voulons dire celles du pays, appartenant aux habitants. On n'en compte guère que 400 à Tende et 100 à la Briga. Ce n'est presque rien, càr on organise chaque été à Tende 15 vacheries qui reçoivent au moins 1,500 vaches, 1 quart à peine du pays, moitié du Piémont et 1 quart du comté de Nice.

A la Briga il y a une vacherie seulement, qui contient 200 bêtes, venant presque toutes de la Rivière de Gênes.

Au contraire, on calcule que les bergers de Tende ne possèdent pas moins de 16,618 moutons et de 4,340 chèvres, et ceux de la Briga 36,208 moutons avec 7,241 chèvres ! Total : 64,407 chèvres et moutons entre les deux communes (1) !

Ce prodigieux développement de l'industrie pastorale la plus dangereuse condamne fatalement leur territoire à une ruine complète et imminente (car presque tous ces troupeaux y pâturent pendant l'été), et oblige les bergers à chercher partout des pâturages d'hiver, pendant les longs mois de froids et de neiges qui se font sentir régulièrement dans cette partie des Alpes. Ils se répandent donc dans le comté de Nice, quelques-uns dans la Provence, d'autres dans la Rivière de Gênes, et transportent partout leur activité, leur industrie, et malheureusement aussi l'action destructive de leurs troupeaux.

Pendant l'été, le nombre des individus chargés de les surveiller est moins considérable qu'en hiver ; cela permet la culture des terres. En octobre, les bergers reviennent des hautes montagnes et on fait les préparatifs pour la grande émigration de l'hiver. En novembre, on voit les ménages entiers qui descendent vers le littoral ; des charrettes chargées de meubles, de provisions et d'ustensiles accompagnent les troupeaux. Chaque berger s'installe habituellement dans les mêmes localités qu'il exploite depuis

(1) Voir les notes A et C.

longtemps. Il met sa famille et ses provisions à l'abri dans des granges à cè destinées, et paye son loyer en fumier et en lait. Il paye son droit de pâturage en argent. Les femmes vendent le lait, font le fromage, préparent la nourriture. L'ordre, l'économie, l'activité règnent, et on revient à Tende ou à la Briga au mois de mai avec de fortes économies.

Après un temps d'arrêt très-court dans les villages, les bergers seuls remontent en partie dans les pâturages d'été, et ainsi de suite chaque année. A la Briga, quelques hameaux qui en dépendent sont presque déserts l'hiver. Il n'y reste que les vieillards, et les rares familles des cultiva-·teurs. Sur environ 850 familles, il y en a 336 qui se livrent exclusivement à la profession de berger. A Tende il n'y en a pas moins de 148 sur 620.

Du temps de Foderé, en 1801, on ne comptait à la Briga que 500 familles et 2,767 habitants; 300 familles exerçaient alors la profession de berger. Aujourd'hui on compte 4,800 habitants dans cette commune qui doit toute sa prospérité au pâturage.

On compte, à Tende, 3,200 habitants, mais cette petite ville a un commerce spécial de transit entre Nice et le Piémont, et une partie seulement de sa population est pastorale.

Presque tous les troupeaux de Tende passent l'hiver dans les Alpes-Maritimes ou dans la Provence, savoir : 14,412 moutons sur 16,618, et 3,048 chèvres sur 4,340. A la Briga, au contraire, sur 36,208 moutons, 12,804 seulement passent en France, et 1,780 chèvres sur 7,241. Le surplus va dans la Rivière de Gênes.

C'est donc, en somme, 27,296 moutons et 4,828 chèvres qui passent chaque année en France, venant de ces deux communes. La presque totalité de ces troupeaux ne traverse pas le Var, et reste dans l'ancien comté de Nice.

Quelque considérables que soient ces chiffres, il ne faut pourtant pas croire que depuis dix ans le nombre des bestiaux ait augmenté à Tende et à la Briga. Il s'est maintenu à peu près le même, en ce qui concerne les moutons et les chèvres; mais le pâturage de ces animaux est devenu bien plus dommageable pour les forêts, parce que des coupes immenses y ayant été faites, les jeunes repeuplements sont bien plus susceptibles et finiront par disparaître. Quant aux vaches, nous avons déjà signalé la décadence de leur élevage, en voici la raison : comme elles ne peuvent profiter du pâturage d'hiver, il faudrait les nourrir dans les étables, pendant toute la mauvaise saison, laquelle dure très-longtemps dans cette partie élevée des Alpes-Maritimes; elles consommeraient beaucoup de foin. Or il y a des prairies naturelles très-importantes dans cette région, et de plus on fauche beaucoup de foins dans les montagnes, et on les fait descendre dans les villages. On pourrait donc trouver ainsi des ressources nécessaires pour la stabulation d'hiver.

Malheureusement le prix du foin est tellement élevé à Nice, depuis que la quantité des chevaux y est devenue si considérable en hiver, par suite de l'augmentation du nombre des étrangers, que l'industrie du transport, dans cette ville, des foins de Tende et de la Briga a pris un développement très-fâcheux. On paye souvent le foin, à Nice, de 13 à 14 francs les 100 kilogrammes et 10 francs les 100 kilogrammes pris sur place à la récolte. Ce sont des prix tellement avantageux, que l'élevage des bestiaux s'en ressent beaucoup, surtout celui des vaches, dont le nombre a diminué ou est au moins resté stationnaire depuis dix ans.

Le fait de la vente des foins à Nice n'est malheureusement pas particulier à la vallée de la haute Roya : il est général dans toutes les régions où le transport par voitures est possible, et c'est fort regrettable, car il est à craindre que ce commerce n'exerce bientôt la même influence dans le restant du comté de Nice. Nous reviendrons sur cette question à propos des améliorations, dont une des principales serait la suppression de la vente, à Nice, du produit des prairies naturelles et alpestres d'une partie de la province, et leur consommation sur place pour la nourriture du gros bétail.

CHAPITRE V.

Exercice légal du pâturage. — Usages. — Servitudes.

Nous sommes entré dans de longs détails sur le mode et l'exercice des différentes espèces de pâturage dans le comté de Nice, il paraît utile de dire quelques mots des droits, des titres en vertu desquels on peut les pratiquer, bien que ces questions délicates doivent être traitées complétement dans l'étude suivante.

Nous avons vu que le pâturage s'exerce dans les terrains vagues appartenant aux communes, terrains qui n'ont pas d'autre destination, et ensuite dans les bois appartenant aux communes. C'est là une conséquence du droit de propriété, et non un droit d'usage proprement dit. L'Etat ne possède dans le comté de Nice qu'une seule forêt, celle de Clans, d'une contenance de 380 hectares. Elle est grevée, en faveur des habitants de la commune de Clans, d'une servitude de pâturage pour les bêtes aumailles qui constitue, au contraire, un véritable droit d'usage.

La défensabilité des cantons boisés se règle de la manière la plus large, depuis l'établissement du régime forestier français. Il est fort regrettable, sous le rapport de la conservation des massifs, que les choses se passent ainsi, mais on cède à un intérêt majeur ou du moins jugé tel.

Les chèvres ne sont pas admises au bénéfice du pacage dans les bois communaux soumis au régime forestier; la prohibition de la loi française est absolue; d'ailleurs, avec le

Code sarde, les exceptions étaient plus rares qu'on ne le croit; il y avait des abus déplorables, mais la loi ne les autorisait pas.

Par compensation, le pacage des moutons est autorisé en vertu de décrets spéciaux depuis l'annexion, et on use largement de cette autorisation qui était de plein droit auparavant.

Quelques communes ont des droits d'usage au pâturage sur les bois ou sur les terrains des communes voisines, mais ces cas sont rares, et les habitants exercent généralement leurs droits dans la commune où ils demeurent.

Quand leurs pâturages sont plus vastes qu'il ne faut pour la nourriture des bestiaux du pays, les municipalités les afferment, soit pour le pâturage d'été, soit pour le pâturage d'hiver, suivant la disposition topographique des lieux.

Il est à remarquer, principalement dans la région qui se rapproche du littoral, qu'un grand nombre de bois communaux sont grevés de servitudes de pâturage, connues dans le pays sous le nom de droits de *bandite*. Nous examinerons avec détails cette question importante dans la prochaine étude.

CHAPITRE VI.

Amélioration des pâturages, regazonnement, etc.

Cette question peut être envisagée sous deux points de vue principaux. Le premier est relatif aux améliorations que les pâturages sont susceptibles de recevoir par suite d'une bonne gestion agricole et forestière et du choix des races de bestiaux aptes à y prospérer, tout en assurant le mieux leur conservation. Le second est relatif aux améliorations dont ces races sont susceptibles elles-mêmes, ainsi que leurs produits.

Nous ne faisons qu'indiquer ce second côté de la question, que nous ne voulons point examiner avec détail. Il ne serait pourtant pas sans intérêt de rechercher, parmi les races bovine et ovine, quelles sont les espèces qui donneraient les produits les meilleurs et les plus abondants, comment on pourrait perfectionner la fabrication du beurre et du fromage, et se rapprocher des excellentes qualités produites par la Suisse et l'Italie; sans doute la question des laines est fort intéressante; mais, outre qu'il faudrait un temps considérable pour exposer convenablement les divers systèmes à mettre en pratique et pour en discuter la valeur, nous ferons remarquer que ces études nouvelles nous écarteraient du but que nous nous sommes proposé d'atteindre.

Si donc nous nous sommes occupé parfois de questions agricoles ou commerciales, c'est accessoirement, et parce que la clarté de la discussion l'exigeait.

Nous reprendrons la division que nous avons déjà suivie, et nous commencerons l'examen des améliorations à proposer par celles dont les pâturages d'été sont susceptibles.

Nous devons reconnaître que, en somme, ces pâturages, qui constituent les trois quarts environ de tous ceux du comté de Nice, paraissent se trouver dans une situation peut-être moins mauvaise que l'ensemble des pâturages, semblables dans le surplus des Alpes françaises. Sans doute, il est regrettable que de nombreux troupeaux de chèvres pacagent dans les parties les plus escarpées des hautes montagnes, où elles font beaucoup de mal; sans doute, il est fâcheux que, par suite des besoins de la stabulation en hiver et du commerce trop fructueux du foin à Nice, la tendance au fauchage des prairies naturelles devienne générale dans les alpages, mais le comté de Nice est heureusement, en partie, exempt du fléau de la transhumance, dont les tristes effets ne se font sentir que dans quelques communes de l'arrondissement de Puget-Théniers. Les vacheries sont prospères et tendent à s'accroître en quantité et en importance. En outre, le nombre de chèvres appartenant aux habitants a notablement diminué depuis l'annexion. Le nombre des moutons est revenu à ce qu'il était il y a soixante-dix ans, mais sans s'accroître, et leur parcours, qui a été et qui est encore très-dommageable au réensemencement des forêts, pourra se régler petit à petit et s'exercer dans les bois d'une manière moins fâcheuse que par le passé.

Il ne porte, d'ailleurs, aucun préjudice aux vastes pâturages non boisés des régions alpestre et alpine.

On peut donc, à bien des égards, considérer la situation des pâturages d'été, sinon comme satisfaisante, du moins comme en voie de progrès relatif.

Ces pâturages, nous l'avons dit, s'exercent principalement dans les régions alpestre et alpine, et la meilleure de toutes les améliorations à y apporter serait la restauration des forêts nombreuses et très-importantes qu'on y rencontre, et le rétablissement, surtout dans la région alpine, des vastes forêts qui s'y trouvaient autrefois et qui ont presque toutes disparu.

Le reboisement, dans le comté de Nice, nous paraît la base de toute amélioration réelle des pâturages, lesquels, avec les forêts, constituent le pays presque entier. Quand donc on voudra s'occuper sérieusement de régénérer les Alpes-Maritimes, dont la situation laisse beaucoup à désirer sous une foule de rapports, même dans les pâturages d'été, c'est au reboisement qu'il faudra s'arrêter de préférence au regazonnement.

Le regazonnement n'est, en effet, que très-rarement applicable dans ce pays. Les terrains qui sont susceptibles de produire de vrais gazons sont assez rares, même dans les hautes montagnes. Il ne faudrait pas juger de l'ensemble du pays par quelques montagnes pastorales très-bien gazonnées qui se rattachent aux anciennes Alpes françaises, et notamment par l'aspect de la vallée supérieure de la

Tynée, où les prairies alpestres sont fort belles, quoique, par suite de l'insuffisance de la protection des forêts, elles commencent à se dégrader notablement.

Nous avons déjà dit combien les vallées sont profondes, les pentes escarpées et les plateaux peu étendus. On rencontre rarement ces vertes montagnes mamelonnées si communes dans les Alpes suisses, et dont l'Authion est un remarquable spécimen dans les Alpes Niçoises. Ces conditions ne sont point favorables au gazonnement, et nous croyons que presque tous les terrains susceptibles de produire des prairies alpestres sont déjà convertis en ce genre de culture. Il ne faut pas se faire d'illusion. Dans les Alpes Niçoises, c'est le vrai reboisement qu'il faut pratiquer sur la plus grande échelle, pour conserver et améliorer les vastes pâturages d'été qui composent la majeure partie du pays.

Là, plus que partout ailleurs dans les autres Alpes, les bois sont nécessaires pour maintenir le sol et donner aux gazons le soutien et la résistance dont ils ont besoin pour lutter contre les causes de destruction formidables qui les menacent sans cesse et contre lesquelles ils sont impuissants à lutter seuls.

Nous ne saurions trop affirmer cette opinion, à l'appui de laquelle il nous sera facile de citer de nombreux exemples. Les gazons sont bons pour maintenir le sol sur les plateaux, mais ils sont absolument insuffisants dans les pentes. Les prairies alpestres qui ne sont pas protégées par des forêts se dégradent chaque jour. On peut le voir à Roquebillère (Alpes de Férisson), à Valdeblore (montagne de Pitomier), etc., etc. Au contraire, celles qui conservent encore cet abri protecteur sont dans un excellent état, ce qu'il est facile de vérifier à Roquebillère (la Mallune), à Venanson, à Valdeblore (la Coulmiane), à Belvédère (le Tuor), etc., etc.

Donc, plus il y aura de bois, meilleurs seront les pâturages de la région alpestre et de la région alpine.

On voit, cependant, que nous n'en sommes pas arrivés, dans le comté de Nice, au point où en sont les choses dans d'autres parties des Alpes, en Suisse par exemple, et que nous sommes bien loin du temps où l'on pourra songer à enlever les pierres qui gênent la pousse de l'herbe, à répandre également les engrais, actuellement perdus, dans toutes les parties du pâturage ! etc., etc...(1) Ces précautions minutieuses, évidemment fort utiles, seront-elles jamais compatibles avec les difficultés du terrain et avec la rareté des populations ? Il est permis de se le demander.

Les pâturages d'automne et de printemps sont peu étendus ; malheureusement leur état est, en général, très-peu satisfaisant, parce qu'ils servent à de trop nombreux troupeaux qui épuisent complétement les premiers et qui, jouissant des seconds d'une manière prématurée, y commettent de grands dégâts.

En ce qui concerne les pâturages d'hiver, la situation est encore beaucoup plus mauvaise. Situés à une altitude bien inférieure, exposés, depuis le mois de juin jusqu'au mois d'octobre, aux rayons d'un soleil dévorant, et privés, pendant ce laps de temps, des bienfaits de la pluie, car les orages sont rares en été sur le littoral, desséchés par les vents brûlants du désert d'Afrique, les pâturages d'hiver servent de refuge, depuis novembre jusqu'à mai, c'est-à-dire pendant six mois, à de nombreux troupeaux de la plus dommageable espèce.

Toute la végétation que les pluies d'automne ont pu développer se trouve dévorée par des quantités d'animaux affamés qu'on y introduit en nombre excessif.

En outre, remarquons que les pâturages d'hiver, d'automne et de printemps s'exercent dans les parties les plus rapprochées des habitations et des villages, c'est-à-dire les plus à la portée de l'action de l'homme et, par conséquent, des abus de toute sorte, défrichements, écobuages, etc.

Ces abus aggravent cette situation déjà si fâcheuse, et c'est à cette double cause que l'on doit l'aspect nu, désolé et dé-

(1) Voir MARCHAND, *les torrents et le pâturage des Alpes.*

charné que présentent la région méditerranéenne tout
entière et une partie de la région moyenne dans le comté
de Nice.

Il est fort embarrassant d'indiquer des remèdes facilement
praticables pour sortir de ce pénible état de choses. Durante
a proposé le rachat de la vaine pâture et des droits de bandite. Il a sans doute raison, ce serait un bienfait immense
pour le pays; mais il faudrait des sommes considérables
pour rembourser aux propriétaires ou bandiotes la valeur
capitalisée de ces droits abusifs qui produisent beaucoup
d'argent.

Le reboisement serait fort utile assurément ; mais il faudrait le faire dans les plus mauvaises conditions dans les
deux régions ci-dessus ; il coûtera toujours extrêmement
cher et n'y produira jamais que des bois d'une importance
très-médiocre. C'est ce que nous avons prouvé dans notre
deuxième Etude.

D'ailleurs, il est difficile de songer à faire des reboisements
dans les terrains grevés de droits de bandite, car le pâturage
s'y trouverait forcément suspendu, au détriment du bandiote,
pendant bien des années. Pourtant il faut constater que
c'est en grande partie à l'abus de l'exercice de ces droits,
dans les communes de la vallée du Paillon (Luceram, Peille,
Coaraze, etc.), qu'on doit l'état déplorable dans lequel se
trouve le bassin de cette rivière, et c'est cette situation qui
rend aussi dangereuses, pour la ville de Nice, les crues su-
bites et formidables auxquelles le Paillon est sujet.

Nous avons donc le regret de constater le mauvais état
des pâturages ci-dessus et de ne pouvoir proposer que des
moyens fort dispendieux pour sortir de cette situation difficile, compliquée par une foule d'intérêts privés, par les vieux
errements et par la dégradation du sol. Sans doute, si on
voulait sérieusement s'occuper de la question, on trouverait
bien des solutions non-seulement pour restaurer les pâturages d'hiver, mais encore pour restaurer ceux d'été qui en
ont aussi besoin, quoiqu'à un degré moindre. Mais quel est

le gouvernement qui aura le courage de les mettre à exécution ? car, on ne doit pas se le dissimuler, tant qu'on ne sera pas arrivé à une sorte d'expropriation qui placera, entre les mains d'une autorité ferme et puissante, la direction absolue des pâturages, des bois et de tous les terrains montagneux sans exception, dans les Alpes du comté de Nice comme dans les autres Alpes françaises, on pourra obtenir quelques améliorations de détails, quelques satisfactions apparentes; mais, en somme, le mal s'aggravera et fera sans cesse de nouveaux progrès. Jamais le salut des Alpes ne pourra s'obtenir par l'initiative des communes et des particuliers. On ne doit se faire aucune illusion à ce sujet (1).

Quant aux races de bestiaux en elles-mêmes, il y a déjà un grand progrès obtenu par la substitution des moutons aux chèvres. Le nombre de ces derniers animaux, qui ne s'élevait pas à moins de 120,000 vers 1846, n'est plus actuellement que de 33,000 environ, tandis que celui des moutons, qui était descendu à 56,000 à la même époque, est revenu à 119,000. Enfin, la quantité de vaches a notablement augmenté ; elle est parvenue de 12,600, chiffre de 1846, à environ 19,600, chiffre de 1872. Mais cette dernière progression peut-elle continuer encore ? En un mot, les vaches peuvent-elles un jour remplacer complétement les moutons dans le comté de Nice ? Nous ne le pensons pas. La nature des pâturages d'été, tels que nous les avons décrits, ne nous semble pas le permettre. D'ailleurs, en supposant qu'il n'en soit pas ainsi, et en admettant, pour un instant, que la substitution des deux races l'une et l'autre fût un fait accompli, que ferait-on de cette immense quantité de vaches pendant l'hiver ? Où trouverait-on des fourrages en assez grande abondance et d'assez bonne qualité pour les nourrir pendant la mauvaise saison ?

Les pâturages d'hiver, qui servent à nourrir environ la moitié de tous les moutons du pays, ne pourraient offrir que

(1) Voir TASSY, *Études sur l'aménagement des forêts*, page 462.

des ressources bien minimes pour l'entretien des vaches qui les auraient remplacés.

On voit que la question serait fort difficile à résoudre. Pourtant, si l'industrie de l'éducation pastorale du gros bétail, actuellement florissante, n'est pas, à notre avis, susceptible d'une extension indéfinie, nous devons signaler une circonstance très-regrettable, qui tend à mettre un terme à sa prospérité et à appauvrir notablement les richesses agricoles du pays, c'est le transport à Nice et la vente, dans cette ville, d'une grande quantité des meilleurs foins de la province qu'on pourrait conserver pour les besoins de la stabulation en hiver.

Nous avons dit que cet abus, causé par le prix excessif des bons fourrages à Nice, se faisait sentir, d'une manière regrettable, même à Tende et à la Briga, qui en sont assez éloignés. A plus forte raison se fait-il sentir dans les communes françaises plus rapprochées?

A Breil, à Sospel, à Moulinet, à Saorge, à Fontan, etc., où il y a à la fois des prairies naturelles arrosables, qui donnent au moins deux coupes d'excellents foins, et des prairies alpestres, dont une partie notable est fauchée chaque année, on vend le plus possible des meilleures qualités de leurs produits pour alimenter la consommation de Nice et de Menton, où le nombre des chevaux est devenu très-considérable en hiver depuis l'annexion. Ce commerce existait déjà en 1846, et Durante le signale ; mais alors les conséquences en étaient peu regrettables. On comprend qu'elles le soient aujourd'hui. Ainsi, à Sospel, par suite de la vente de tous les foins, on entretient relativement très-peu de bestiaux ; les cultures sont donc dépourvues d'engrais ; les terres arables et les Oliviers s'appauvrissent notablement d'année en année et, malgré l'argent qui arrive ainsi dans le pays, son aspect devient de moins en moins prospère et l'agriculture y dépérit.

Dans la vallée de la Vésubie qui, de même que celle de la Roya, a de bonnes prairies naturelles arrosables et dont les

13

montagnes voisines sont couronnées de belles prairies alpestres, les habitudes commerciales sont les mêmes. On préfère nourrir moins bien les bestiaux de toute espèce, qui y sont fort nombreux, notamment les vaches dont il y en a bien 4,000. Pourtant quelques communes consomment une partie de leurs foins, mais une trop grande quantité est envoyée à Nice.

Vu le manque ou la difficulté des communications, les autres parties de la province sont exemptes, jusqu'à ce jour du moins, de ce regrettable commerce. Ainsi, dans les vallées de la Tynée, du Var et de l'Esteron, les foins se consomment généralement sur place, ce qui est d'autant plus nécessaire que le pâturage d'hiver ne peut guère s'exercer dans cette partie des Alpes-Maritimes.

Assurément, le prix de 13 et 14 francs, rendu à Nice, par 100 kilogrammes de foin, et celui de 10 à 12 francs pris sur place au moment de la récolte, sont bien rémunérateurs; mais il est inutile d'insister sur l'appauvrissement qui résulte de cette exportation, non-seulement pour l'agriculture en général, mais pour les pâturages eux-mêmes, surtout pour les pâturages alpestres.

Une des grandes améliorations à obtenir serait donc une modification complète dans ces habitudes commerciales.

On calcule que la quantité de fourrage de première qualité, venant de la région montagneuse, et introduite, chaque année, à Nice, est de 3 millions de kilogrammes environ, soit 30,000 quintaux métriques de 100 kilogrammes chacun.

Voici comment ce calcul s'établit : La consommation annuelle en foin, de Nice et de Menton, est d'au moins 6 millions de kilogrammes.

Environ le tiers peut être fourni par les prairies assez considérables des bords du Var, ou bien arrive à Nice par chemin de fer et par la navigation. Les deux autres tiers, soit 4 millions de kilogrammes, arrivent donc de l'intérieur. Sur cette quantité, il a passé à Fontau, en 1871, venant pour une moitié de Coni (Italie), et, pour l'autre moitié, de Tende et de la Briga, 1,084,650 kilogrammes de foin. Le surplus, soit en nombres ronds, 3 millions de kilogrammes, vient donc du comté de Nice, et principalement des vallées de la Roya, de la Bévéra et de la Vésubie.

De quel secours ne serait pas cette masse énorme de four-rage pour la nourriture, en hiver, de la meilleure partie des troupeaux ?

Son emploi intelligent permettrait d'augmenter la quan-tité des bêtes bovines et d'assurer au pays les engrais qui lui sont nécessaires.

Malheureusement, loin de se ralentir, le courant com-mercial, que nous venons de signaler, ne fait que s'ac-croître.

Le fait doit être l'objet des préoccupations de ceux qui portent un intérêt véritable à l'industrie des pâturages et, par conséquent, à la prospérité de toute la province.

CHAPITRE VII.

Produit général des pâturages.

Nous n'avions d'abord pas l'intention de traiter dans cette étude la question du produit général en argent des pâtu-rages du comté de Nice, parce que les documents statis-tiques que nous avons pu nous procurer ne sont pas assez précis pour permettre d'arriver à un résultat complétement exact.

Mais Foderé ayant fourni des renseignements intéressants sur ce sujet, bien que ses données ne soient pas plus rigoureuses que les nôtres, nous sommes encouragé à suivre son exemple.

Comme nous désirons que cette dernière partie de notre travail puisse être comparée avec le sien, nous suivrons la marche qu'il a adoptée.

Pourtant nous devons faire observer que le système de Foderé prête à la critique. En effet, il calcule d'abord le revenu que les communes et les autres propriétaires retirent de la location des pâturages. Ensuite il établit le produit des troupeaux, et le total des deux sommes ainsi obtenues lui donne le produit général de l'industrie pastorale dans le comté de Nice.

Il y a dans cette méthode une sorte de double emploi qui sera remarqué de tout le monde. Le prix de location des pâturages est évidemment un revenu important pour les propriétaires des immeubles sur lesquels le parcours s'exerce; mais ce revenu ne fait pas partie du produit de l'industrie pastorale pour laquelle il constitue plutôt une sorte de charge d'exploitation, ainsi que nous l'avons établi en faisant le budget des vacheries d'Utelle et de l'Authion.

Quoi qu'il en soit, et sous réserve de cette observation capitale, nous allons procéder dans le même ordre que Foderé.

Il estime à 746,097 francs (voir tome 1er, page 331) le produit des locations du pâturage, année commune, mais il ne dit pas d'après quels renseignements il a établi ce chiffre.

Les pâturages, dans le comté de Nice, sont en grande partie la propriété des communes qui afferment presque toujours ceux d'hiver, mais qui, au contraire, exploitent souvent elles-mêmes ceux d'été. Les particuliers, et notamment les bandiotes, possèdent aussi des pâturages d'hiver et les afferment généralement; d'autres particuliers louent aussi les pâturages d'été dont ils peuvent être propriétaires. Mais il est bien difficile de savoir, même par approximation, le prix de tous ces fermages; et il est encore plus difficile de connaître le produit que donnent les pâturages exploités directement par leurs propriétaires.

Il est regrettable que Foderé ne se soit pas expliqué; pourtant nous croyons que même vers 1801, époque à laquelle il écrivait, son évaluation était un minimum. En effet, l'étendue des terrains en friche ou boisés aptes au pâturage, étant, comme nous l'avons établi au commencement de cette étude, de plus de 250,000 hectares, il s'ensuit que Foderé n'estime leur revenu moyen qu'à 3 francs l'hectare environ, ce qui est fort modéré.

Or nous avons vu que les pâturages d'hiver se louent à Villefranche au moins 10 francs l'hectare; mais ils sont très-bien placés et très-bons. A Breil, nous connaissons des bandites, situées dans des conditions ordinaires, qui s'afferment environ 5 francs l'hectare; 6 francs l'hectare nous paraissent donc une moyenne convenable pour le pâturage d'hiver.

Le pâturage d'été produit beaucoup moins. Il est vrai qu'à l'Authion le prix du fermage est de plus de 10 francs par hectare, mais c'est là un cas tout à fait exceptionnel; il ne faut pas prendre pour base des terrains aussi bien gazonnés, car ils sont assez rares. La majeure partie des terrains aptes à la dépaissance en été ne nous paraît pas susceptible de rapporter plus de 4 francs par hectare au maximum. Ce chiffre est beaucoup plus élevé que celui donné pour les Alpes françaises par M. Marchand (2 fr. 16). Mais la cause de cette différence tient à ce que, dans le comté de Nice, la plupart des pâturages d'été ne s'afferment pas et sont exploités directement par les propriétaires, qui en tirent ainsi un revenu supérieur. De plus, le prix moyen des terrains affermés est incontestablement supérieur à 2 fr. 16 l'hectare. L'inachèvement du cadastre ne nous permet pas de donner de preuves à l'appui de cette assertion que nous maintenons néanmoins.

Nous avons vu que les pâturages d'été forment les trois quarts de toute la région pastorale, soit en nombres ronds

190,000 hectares, qui, à 4 francs l'un en moyenne, donneraient. . . . . 760,000 fr.

Les pâturages d'hiver ne contiennent que
le quart restant, soit en nombres ronds
63,000 hectares qui, à 6 francs l'un, donneraient. . . . . 378,000 fr.
$$\overline{}$$
Total. . . . 1,138,000 fr.

Ce revenu est plus élevé que celui de Foderé, ce qui est
naturel puisque son calcul est plus ancien que le nôtre, et
qu'il était fort modéré. Mais, en somme, nous arrivons à
un résultat semblable, en tenant compte du temps et des
circonstances.

Laissons de côté cette question pour passer à l'estimation
du produit des troupeaux, produit que Foderé estime à
1,063,868 francs.

Il commence par évaluer à 445,200 francs le produit des
agneaux et des chevreaux, qui de son temps se vendaient
6 francs à l'âge de 8 à 10 mois. Ils se vendent encore le
même prix en moyenne, mais à 6 semaines ou à 2 mois,
ce qui est une grande différence pour le produit du lait et
du fromage dont nous nous occuperons plus tard, et qui est
aujourd'hui bien plus important puisque les brebis et les
chèvres allaitent moins longtemps. Foderé calcule que tout
l'avérage du pays, dont il a donné le nombre, savoir :
36,610 chèvres et 119,360 moutons, total 155,970 bêtes,
doit être augmenté d'environ un tiers, et porté à 206,170,
pour comprendre les agneaux et chevreaux dont il n'a point
été tenu compte dans les chiffres précédents.

Nous partageons entièrement son avis pour cette proportion. Il calcule ensuite qu'en moyenne 50,200 agneaux
et chevreaux sont annuellement livrés au commerce, ce qui,
à 6 francs, fait une somme de 301,200 francs.

Mais il remarque avec raison que, dans une quinzaine de
communes du nord du pays, environ 12,000 agneaux, que
l'on pourrait vendre comme les précédents, sont gardés

pendant deux ans et vendus beaucoup plus cher, c'est-à-dire 12 francs pièce, ce qui représente une valeur de 144,000 francs, qui, ajoutée à la précédente, donne celle de 445,200 francs pour ce genre d'industrie.

Nous pouvons adopter ces chiffres presque sans changement. En effet, nous avons constaté que le nombre des moutons et des chèvres est à peu près le même aujourd'hui que du temps de Foderé, 152,336 au lieu de 155,970. Le nombre des chevreaux et des agneaux doit donc être sensiblement le même. C'est, par conséquent, un premier total de 301,202 francs que nous pouvons poser d'accord avec lui. Seulement, les 12,000 agneaux de 2 ans (ou plutôt jeunes moutons) se vendent, en moyenne, 20 francs pièce aujourd'hui, soit au total 240,000 francs, qui, ajoutés à la somme précédente, font un total de 541,202 au lieu de 445,200 francs.

Les chevreaux et les agneaux se vendant de 6 semaines à 2 mois, nous avons dit que le produit en lait et en fromage des brebis et des chèvres est beaucoup plus considérable.

Nous l'avons évalué, pour l'année entière, à 9 kilogrammes de fromage en moyenne par chèvre, et à 7 kilogrammes en moyenne par brebis, de la valeur de 1 franc par kilogramme. Comme la proportion des chèvres aux brebis est seulement du cinquième environ de leur nombre total, il s'ensuit que le produit moyen par tête de troupeau d'avérage est à peu près de 7 kilogrammes et demi de fromage d'une valeur de 7 fr. 50.

Nous avons dit également que le nombre total des avérages dépasse 150,000. Il faut en retrancher au moins la moitié pour représenter les béliers, les boucs, les moutons et les brebis qui allaitent, animaux dont le produit est nul au point de vue qui nous occupe.

Restent à peu près 75,000 bêtes dont le tiers environ, c'est-à-dire 25,000, donne du lait, soit en hiver pour la nourriture des habitants des villes, soit en été pour la nour-

riture de leurs propriétaires; Foderé n'en comptait que
20,000.

Le produit des bêtes laitières est supérieur à celui des
autres, et peut être évalué aujourd'hui à 10 francs par tête,
ce qui fait un premier total de 250,000 francs.

Foderé ne calculait sur ce chapitre que 6 francs de produit par tête, soit pour 20,000 — 120,000 francs.

Cette augmentation considérable s'explique par l'élévation des prix et l'augmentation des produits, conséquence
de l'accroissement de la population.

Les 50,000 autres têtes d'avérages donnent, en moyenne,
7 fr. 50 de revenu chacune, ce qui fait un total de
375,000 francs, chiffre qui ne nous paraît pas exagéré, bien
que Foderé n'obtienne, par des calculs analogues, que
185,033 francs.

Nous arrivons ainsi, pour le total de cet article, à
250,000 fr. + 375,000 fr. = 625,000 francs au lieu de
305,033, chiffre de Foderé.

Passons au produit des laines. En prenant le minimum,
et non la moyenne de nos évaluations, c'est-à-dire 1 kilogramme de laine d'une valeur de 2 francs par an et par
mouton ou brebis, nous obtenons 119,000 kilogrammes
(Foderé en calculait 100,702), et un revenu de 238,000 fr.
au lieu de 103,336 francs.

On voit que, si la production a peu augmenté, le prix
s'est élevé sensiblement.

Enfin Foderé calcule, sans s'expliquer, que le produit
des vastières faites en été et en hiver a une valeur annuelle de 200,000 francs. Ce chiffre nous paraît très-
acceptable.

On ne fait de vastières qu'avec les avérages, qui même
ne peuvent tous y être employés.

Supposons que les deux tiers, soit en nombres ronds
100,000 de ces animaux, puissent être utilisés 100 jours
par hiver et 100 jours par été, et prenons pour prix moyen

50 centimes par nuit pour chaque troupeau de 50 têtes, nous arriverons juste au chiffre de 200,000 francs.

En résumé, en totalisant les quatre articles qui précèdent, nous obtenons :

1° Pour le produit des agneaux, etc..........	541,202 fr.
2° Pour celui du laitage, etc.................	625,000
3° Pour celui des laines....................	238,000
4° Pour celui des engrais..................	200,000
Total.....................	1,604,202
Tandis que Foderé ne trouvait que..........	1,063,868
Soit en plus................	540,334 fr.

Mais ce n'est pas tout, Foderé a complétement passé sous silence ce qui regarde l'élevage des vaches, et par conséquent ce qui concerne leurs produits.

Nous allons suppléer à cette lacune.

Le nombre actuel des bêtes de race bovine de toute catégorie, vaches, bœufs, taureaux, génisses, veaux, est d'environ **19,644**. Nous ne comprenons, comme vaches laitières, que la moitié de ce nombre, soit **9,822**. Cherchons à calculer quel est leur revenu pendant les quatre mois d'été. Nous avons dit, à propos de l'Authion, qu'en moyenne les fermiers des vacheries particulières ne payent que 20 francs par bête pour la saison d'été, mais nous avons constaté, à l'occasion de la vacherie d'Utelle, que, dans les associations communales qui sont fort nombreuses, le produit d'une vache est généralement de **39 fr. 10**. C'est donc une moyenne de **29 fr. 55**, chiffre qui n'a rien d'exagéré et qui, multiplié par **9,822**, donne, pour la saison d'été, un produit total de **290,240 francs**. Ces vaches donnent un certain revenu pendant les huit autres mois de l'année, et même, au printemps, elles produisent beaucoup de beurre et de lait.

Il est permis d'estimer, sans exagération, le revenu de ces huit mois à la moitié du produit des quatre mois d'été, soit **145,120 francs**.

Nous pouvons calculer aussi que chaque vache produit un veau tous les deux ans, ce qui fait par an 4,911 veaux. Ils se vendent fort jeunes de 30 à 50 francs, soit, en moyenne, 40 francs ; c'est donc un nouveau produit de 196,440 francs.

Enfin le produit des bœufs, des génisses, des taureaux et des vieilles vaches n'est pas absolument nul. Nous avons admis que les vaches laitières font la moitié du nombre des bêtes bovines, et les veaux un quart ; les bœufs, taureaux, vieilles vaches et génisses forment donc l'autre quart, et leur nombre est de 4,911.

En supposant que le dixième de ces animaux soit renouvelé au moyen de jeunes élèves qu'on ne vend pas, et que les animaux de rebut soient vendus chaque année au prix moyen de 100 francs l'un, c'est encore une somme de 49,110 francs à ajouter aux précédentes.

Le total du produit des bêtes bovines est donc de 680,910 francs qui, ajoutés aux 1,604,202 francs déjà obtenus, font un total général de 2,285,112 francs, pour le produit actuel approximatif des pâturages dans le comté de Nice, au lieu de 1,063,868 francs, calculés par Foderé vers 1801.

Nous ne tenons aucun compte, bien entendu, de ce qu'il appelle la location annuelle des pâturages qu'il estime à 796,097 francs, et nous à 1,138,000 francs, et sur laquelle nous nous sommes expliqué.

Dans tous ces calculs nous sommes resté volontairement bien au-dessous de la vérité, car nous n'avons rien voulu exagérer en l'absence de documents complétement authentiques.

Les produits du pâturage sont donc très-considérables dans le comté de Nice, car, outre ceux que nous avons relatés, une grande partie se consomme en nature pour l'alimentation immédiate des habitants et des bergers, et n'entre

point daus le commerce. Il est donc fort difficile de les évaluer exactement, mais il est aisé de résumer la question
tout entière en peu de mots : il suffit de rappeler que l'industrie pastorale s'exerce sur les cinq sixièmes au moins du
territoire de la province, et qu'elle constitue, avec la culture de l'Olivier, la principale source de la richesse du pays.

Nice, le 15 juillet 1873.

QUATRIÈME ÉTUDE.

LOIS, USAGES, SERVITUDES, BANDITES

CHAPITRE PREMIER.

Législation civile et forestière du comté de Nice.

1° Exposé général.

Le but de la présente étude est d'examiner, *au point de vue forestier*, quel était avant 1860, c'est-à-dire avant l'annexion du comté de Nice à la France, l'état de la législation générale dans cette province, et quels étaient les usages, servitudes et coutumes alors en vigueur.

Nous avons déjà dit quelques mots de ces diverses questions dans les études précédentes ; aujourd'hui c'est à un examen détaillé que nous voulons procéder.

Nous divisons notre travail en trois parties : la *première* traite de la législation civile et forestière ; la *seconde*, des droits d'usage et des servitudes grevant les bois du comté de Nice ; la *troisième*, des droits de vaine pâture et de bandite qui, bien que se rattachant à la partie précédente, méritent, par leur importance, un examen particulier.

Notre terme de comparaison habituel sera évidemment la législation française, qui est en vigueur dans le pays depuis quatorze ans.

2° Législation civile sarde.

Le comté de Nice, dépendance de l'ancienne Provence, partie de la Gaule où les Romains s'établirent le plus anciennement, n'était point un pays de droit coutumier. Le droit romain fut toujours la base de sa législation civile et générale.

Diverses Constitutions des ducs de Savoie et des rois de Sardaigne, notamment celle de Charles-Emmanuel III, publiée en 1770, ont bien apporté quelques modifications au droit romain, mais c'était plutôt dans la forme que dans le fond, et elles avaient réglé principalement des questions de procédure.

On peut donc dire que jusqu'à la première annexion à la France, c'est-à-dire jusqu'à la fin du XVIIIe siècle, le droit romain a été la base de la législation civile et générale dans le comté de Nice.

Le Code Napoléon fut appliqué de 1800 à 1814 ; mais l'édit royal du 21 mai 1814 rétablit toute l'ancienne législation.

Cet état de choses dura jusqu'en 1838, époque de la promulgation du Code civil sarde par le roi Charles-Albert, Code qui fut en vigueur jusqu'en 1860, et qui, sous une autre forme, ne fit que confirmer les principes du droit romain. On sait que le Code civil français a été promulgué dans le comté de Nice depuis quatorze ans (en 1860).

3° Législation forestière sarde.

Quant à la législation forestière, qui dans tous les temps et dans tous les pays a été l'objet de dispositions particulières, les Etats des ducs de Savoie eurent à subir, en cela comme en toutes choses, et d'ailleurs comme l'Europe entière, l'influence du génie de Louis XIV. Le Code Victorien parut une année après la célèbre Ordonnance de 1669, et par des dispositions spéciales, adaptées au temps et aux circonstances, assura la marche protectrice du service forestier.

Un des premiers soins des princes de la maison de Savoie, après avoir recouvré les Etats de leurs ancêtres, fut de pourvoir à la conservation des bois et de faire cesser les nombreux abus qui s'étaient introduits dans cette branche importante de la richesse publique à la suite des guerres et des désastres de la Révolution et du premier Empire.

Le roi Charles-Félix publia, le 15 octobre 1822, un Règlement spécial pour l'administration des bois et forêts, dont les dispositions furent sévères, surtout en ce qui concernait les propriétés particulières, mais elles avaient été conseillées par le bien général de l'Etat et par le propre avantage des populations elles-mêmes.

Ces dispositions sévères produisirent d'heureux résultats, et le roi Charles-Albert, par le nouveau Règlement du 1ᵉʳ décembre 1833, crut devoir reconnaître qu'il n'était plus nécessaire de maintenir les anciennes restrictions apportées à l'exercice du droit de propriété.

L'intervention du gouvernement, en matière forestière, fut donc restreinte à la surveillance des bois appartenant à l'Etat ou placés sous sa protection spéciale. Les bois des particuliers ne furent plus assujettis qu'aux seules dispositions commandées par l'utilité publique.

Ce changement de législation fut amené par la conviction, dans laquelle était alors le gouvernement sarde, que les différentes branches d'économie rurale, dont la direction était abandonnée à la libre disposition des propriétaires, ayant prospéré pendant les années précédentes, on pouvait être certain que les bois appartenant aux particuliers seraient administrés avec intelligence et succès, quoique n'étant pas assujettis au régime de lois spéciales (1).

Le baron Durante, dans sa chorographie du comté de Nice, que nous avons citée bien des fois, ne peut se per-

(1) Voir la note D.

mettre évidemment aucune critique à l'occasion de cette réforme législative ; il se borne à remarquer que les résultats n'ont pas répondu à la sollicitude royale et que l'intérêt public commanderait d'arrêter le cours des déboisements auxquels les propriétaires se sont généralement livrés.

Nous ne mettons point en doute la parfaite justesse des observations du baron Durante, qui écrivait en 1846, c'est-à-dire treize ans après la mise en vigueur du nouveau Code forestier sarde, et qui avait pu déjà juger des conséquences fâcheuses des libertés concédées.

Si nous avons prononcé le mot Code forestier sarde, en parlant du Règlement pour l'administration des bois et forêts, promulgué le 1er décembre 1833, c'est par analogie avec la loi du 21 mai 1827, connue sous le nom de Code forestier français, et dont un grand nombre de dispositions ont été reproduites dans la nouvelle loi forestière sarde, laquelle a été en vigueur dans le comté de Nice jusqu'en 1860, époque de la nouvelle annexion du pays à la France.

Le Règlement pour les bois, du 1er décembre 1833, diffère pourtant beaucoup du Code forestier français de 1827.

Il a plutôt de l'analogie avec l'ancienne ordonnance de 1669, au moins dans la forme.

On eut le soin, en 1827, de séparer des matières législatives celles qui concernaient l'administration proprement dite, et de réserver ces dernières pour une ordonnance spéciale que le roi pouvait rendre lui-même dans la plénitude de ses droits et qui prit le nom d'Ordonnance réglementaire.

Les matières qui exigeaient, au contraire, le concours des pouvoirs législatifs furent réunies sous le nom de Code forestier proprement dit.

Cette distinction, qui n'existait pas dans l'Ordonnance de Louis XIV, ne se retrouve pas davantage dans le Règlement du roi Charles-Albert, dans lequel tout ce qui regarde la législation et l'administration est complétement confondu, conséquence naturelle de la situation politique des Etats sardes en 1833.

Ce Règlement était donc à la fois le Code et l'Ordonnance de l'administration forestière sarde.

Nous allons en examiner successivement les principales dispositions en les comparant à la législation française actuellement en vigueur.

Le *titre I*er détermine quels sont les bois qui doivent être soumis au régime forestier sarde. Ce sont, en général, les mêmes que ceux soumis au régime forestier français, et en particulier ceux des communes et des établissements publics.

Le *titre II* concerne l'administration chargée de la conservation des bois. Cette conservation est, avant tout, confiée aux intendants des provinces (hauts fonctionnaires ayant une position au moins équivalente à celle des préfets en France), lesquels relevaient du ministère de l'intérieur.

En outre des agents spécialement chargés du service actif, étaient établis dans les provinces, savoir : les inspecteurs, pour les arrondissements ; les gardes-chefs, pour les districts, et les simples gardes, en nombre proportionné aux besoins de la surveillance, pour les communes.

Les traitements et les indemnités de ces divers agents sont fixés avec détails ainsi que leurs attributions. Les inspecteurs sont bien en fait les chefs locaux du service forestier, mais ils dépendent des intendants, par la voie desquels ils correspondent avec l'administration supérieure, sauf dans certains cas déterminés. Ils doivent rendre un compte exact à l'intendant de tout ce qui intéresse le service, lui faire examiner et viser une fois par mois le registre spécial sur lequel ils inscrivent leurs tournées et le résultat de leurs observations.

Leur dépendance vis-à-vis des intendants ou préfets est donc bien établie. Aucune disposition ne réglait les conditions d'admission aux emplois et celles de l'avancement. Il est inutile de faire ressortir de nouveau les conséquences que ce système entraînait; nous renvoyons, pour cela, à notre étude précédente sur les forêts du comté de Nice. Ce n'est qu'en 1856, quatre ans avant l'annexion, qu'une décision du ministre de l'intérieur, à la date du 15 novembre de ladite année, imposa un examen aux candidats à l'emploi de garde-chef et en régla les conditions. On comprend que le service forestier n'eut guère le temps de profiter, dans le comté de Nice, de cette utile innovation.

L'intendant intervenait, d'ailleurs, activement dans la gestion des biens communaux. L'article 10 du Règlement du 1er décembre 1833 disposait que, outre les agents spécialement chargés de la surveillance des bois, les syndics (c'est-à-dire les maires) devaient veiller aussi, sur le territoire de leurs communes, à l'observation dudit règlement, et informer l'intendant de la province de toutes les contraventions qui parvenaient à leur connaissance. Les syndics pouvaient à cet effet employer les gardes champêtres de chaque commune.

On comprend facilement que l'immixtion directe des syndics et des intendants dans la gestion des bois des communes devait singulièrement restreindre l'action des agents forestiers dans un pays comme le comté de Nice, où il n'y a que des bois communaux ; aussi le baron Durante se plaignait-il vivement de cette situation.

En outre, l'intendant intervenait dans la nomination des gardes-chefs, et nommait directement les simples gardes, après avoir pris toutefois l'avis de l'inspecteur et celui des municipalités quand il s'agissait de bois communaux. Il déterminait leurs traitements, réglait les frais de tournée des inspecteurs, et enfin exerçait une autorité et un contrôle complets sur l'administration forestière de la province.

Telles sont les dispositions importantes du titre II qui s'écartent le plus de celles adoptées par la loi française. La plupart des autres leur ressemblent, au contraire, beaucoup. Nous ne les mentionnerons donc pas.

Le Code français stipule une série de dispositions concer-

14

nant les bois soumis au régime forestier qui varient suivant que l'Etat, les communes ou d'autres personnes en sont propriétaires.

Le Code sarde, au contraire, consacre un titre unique à tous les bois spécialement régis par l'administration forestière sans exception, c'est le *titre III*.

Ce titre ordonne, d'abord, l'inscription de ces bois sur un registre spécial tenu au bureau de chaque inspection.

Ensuite il ordonne la division des bois taillis en assiettes (ce qui équivaut à prescrire leur aménagement sur le terrain) dans un terme de cinq ans. Ces dispositions ont peu d'intérêt pour le comté de Nice, où les forêts ne contiennent pas de taillis importants.

L'article 56 et les suivants règlent l'exploitation des futaies et la coupe des plantes. On sait que cette expression désigne les arbres de futaie propres au commerce, c'est-à-dire ayant acquis leurs dimensions complètes.

Nous ferons remarquer, en nous bornant aux bois des communes, qu'aux termes de l'article 57 l'intendant avait qualité pour y autoriser les coupes des plantes de haute futaie, pourvu qu'elles fussent parvenues à leur maturité. Cependant (article 58), le même fonctionnaire, dans le cas de besoin ou d'utilité évidente, pouvait permettre la coupe des plantes de haute futaie, *même avant leur maturité.*

Bien plus, dans le cas d'urgence, le syndic de la commune dans laquelle le bois était situé pouvait permettre la coupe des plantes indispensables à l'usage pour lequel la demande lui en avait été proposée et justifiée ; mais, dans ce cas, le syndic devait en donner avis à l'intendant.

On comprend quelles devaient être les conséquences déplorables de ce système. Durante évalue à 10,000, nous l'avons déjà dit dans notre Etude sur les forêts du comté de Nice, le nombre des arbres de haute futaie qui se délivraient annuellement dans cette province, par suite de ces autorisations abusives, et leur attribue en grande partie l'état de ruine des bois du pays.

Les articles 63 à 71 règlent les formalités à observer dans les ventes.

Le mode d'adjudication publique n'était pas le seul autorisé comme en France. On admettait que la vente des coupes pouvait se faire, soit par la voie des enchères, soit par convention particulière. Le mode de vente au rabais, si efficace pour déjouer les coalitions, ne paraît pas avoir été soupçonné.

L'intendant de la province autorisait la vente des produits des bois communaux, approuvait le cahier des charges et les conditions qui s'y réfèrent, lesquelles, bien entendu, étaient réglées par les municipalités elles-mêmes.

Enfin il déterminait le lieu de la vente en prenant, toutefois, l'avis de l'inspecteur. On voit que le rôle de l'administration forestière était bien effacé dans la vente des coupes de bois.

Les articles 72 à 83, toujours compris dans le même titre III, contiennent des dispositions très-incomplètes sur le mode d'exploitation des coupes.

La responsabilité des adjudicataires était admise en principe et le récolement devait être effectué dans les trente jours qui suivaient le terme de l'exploitation. S'il n'avait pas lieu dans ce délai et que l'adjudicataire l'eût demandé, celui-ci se trouvait libéré de plein droit.

Les récolements pouvaient se faire par les inspecteurs ou les gardes-chefs, au choix de l'intendant ; mais les administrations municipales pouvaient aussi nommer un autre expert. On voit à quel rôle secondaire l'administration forestière était réduite !

Les articles 84 à 86 traitent de l'amélioration des bois. Les inspecteurs, en faisant leurs tournées, étaient tenus de proposer les améliorations qu'ils reconnaissaient les plus utiles, et de remettre des rapports détaillés à l'intendant, qui les communiquait aux administrations des communes.

Les améliorations, obtenues ainsi, devaient être rares, et l'étaient en effet.

Les articles 89 à 101 traitent des droits d'usage. En ce qui concerne le pâturage, on y pose, en principe: que le droit reconnu à des communautés ou à des particuliers de faire paître le bétail dans les bois soumis au régime forestier, ne peut s'exercer que dans les cantons reconnus défensables selon les formes voulues.

Les bois pouvaient être déclarés défensables seulement lorsque les plantes avaient acquis un tel degré de hauteur et de grosseur qu'elles ne risquaient plus d'être endommagées par le bétail.

Ces dispositions sont fort sages et conformes aux vrais principes de la matière; mais, malheureusement, l'article 91 dispose que les cantons défensables devaient être indiqués à l'intendant par les administrations municipales qui pouvaient, il est vrai, en charger les agents forestiers.

L'intendant prenait alors un décret pour la publication desdits cantons, et des amendes étaient infligées à ceux qui ne s'y conformaient pas.

L'article 95 n'admettait pas, comme la loi française, que les droits d'usage dussent être exercés, avant tout, conformément à la possibilité des forêts. Il établissait, au contraire, que, dans le cas où le pâturage serait restreint dans un bois par suite de coupes, de semis ou de plantations, les usagers pouvaient avoir droit à une indemnité.

Cette disposition regrettable a favorisé, évidemment, beaucoup les abus, et souvent des communes propriétaires de bois ont préféré ne pas payer d'indemnité et laisser s'exercer un pâturage ruineux pour leurs intérêts à venir.

Les usagers qui avaient le droit de prendre le bois de chauffage ou le bois de construction dans les forêts soumises au régime forestier devaient en demander la délivrance qui se faisait par l'intendant, lequel ayant égard aux usages et coutumes locales, réglait les conditions de la concession, après avoir pris l'avis de l'agent local et celui des administrations municipales.

L'article 98 portait défense de vendre les produits délivrés. Le cas du rachat de ces droits d'usage au bois était prévu par l'article 99, et la faculté de cantonnement, accordée au propriétaire, ne pouvait être invoquée par l'usager.

Ceux qui avaient le droit de ramasser les fruits, semences, herbes, bois mort et mort-bois dans les forêts devaient aussi en demander la délivrance aux intendants.

Ces dispositions sont fort sages en elles-mêmes ; mais le manque de contrôle et d'intervention des agents forestiers devait en rendre l'application peu efficace pour la conservation des bois. Il est, d'ailleurs, à remarquer que, dans le comté de Nice, les droits d'usage en bois étaient fort rares.

Les articles 102 à 112 sont relatifs à diverses prohibitions concernant les bois soumis au régime forestier. Il était défendu, avant d'avoir obtenu l'autorisation de l'intendant, d'y faire des excavations pour en extraire des matériaux et d'y ramasser du gazon ou des mottes de terre.

L'établissement de charbonnières, la construction de maisons, de hangars, de cabanes, etc., ne pouvaient être autorisés que par l'intendant, sous peine de diverses amendes.

Le but de la loi était de ne pas laisser la décision de ces questions aux communes ou aux établissements propriétaires qui auraient pu se laisser entraîner à accorder des autorisations avec trop de facilité.

Les articles 109 et suivants méritent une attention particulière. Ils établissent la prohibition du pâturage des chèvres; mais cette disposition n'était pas absolue, comme dans la loi forestière française.

Ce pâturage pouvait être autorisé dans les bois communaux quand la rareté des terrains livrables au parcours, le peu de valeur des bois, leur nature et leur âge conseillaient quelque exception.

Cette permission ne pouvait être accordée que par l'intendant, avec l'autorisation du ministère de l'intérieur. De sages dispositions de détail en réglaient l'exécution, et si la surveillance avait été confiée à une autorité ferme et vigilante, les abus et les dommages que nous avons constatés si souvent dans notre Etude sur les forêts du comté de Nice auraient été évités en grande partie.

Le pacage des moutons, autorisé exceptionnellement par la loi française, n'était l'objet d'aucune réserve dans la loi sarde et pouvait s'exercer librement en se soumettant aux conditions générales imposées pour le pâturage.

Le *titre IV* contient des dispositions spéciales aux bois des particuliers ; nous ne les examinerons pas avec détail et nous nous contenterons d'en faire ressortir le principe qui mérite de fixer l'attention. Ce principe, c'est que les propriétaires avaient la faculté d'appliquer à leurs bois toutes les prohibitions concernant ceux soumis au régime forestier, et que, avec leur consentement, les employés de l'administration forestière avaient le pouvoir d'y exercer aussi leur surveillance et de constater les contraventions qui s'y commettaient.

Les particuliers avaient également la faculté d'invoquer, en leur faveur, les dispositions réglant l'exercice des droits d'usage auxquels leurs bois pouvaient se trouver assujettis.

Bien que les forêts particulières aient une faible importance dans le comté de Nice, on ne peut qu'approuver ces mesures bienveillantes de la législation sarde. Elles manquent dans le Code forestier français.

Le *titre V* contient des dispositions communes à tous les bois sans exception.

Les articles **125** à **150** règlent la question des terrains *réservés*. Il n'y en a point d'analogue dans la loi française, laquelle se contente de prohiber, d'une manière générale, le défrichement des bois situés en montagne.

La loi sarde est bien plus complète. Elle mettait en *réserve* et soumettait à des prohibitions spéciales, quel que fût leur propriétaire, non-seulement les bois de toute espèce, même quand ils avaient moins de **10** ares, mais encore les terrains incultes stériles et ne portant point d'arbres et même les terrains cultivés et non cultivés ou en nature de prés, dans

lesquels se trouvaient des arbres isolés, et cela particulièrement *près des habitations*, pour prévenir la chute des masses
de neige, les avalanches, les éboulements, les descentes et
les dénudations de terrain et les corrosions causés par les
fleuves, torrents, ruisseaux et les ravins.

Les terrains réservés étaient classés tels, par une ordonnance de l'intendant, après une instruction et des publica-
tions spéciales.

Ils ne pouvaient être déclassés que de la même manière.

La prohibition qui les grevait était fort lourde, car il était
défendu, sous des peines sévères, de déraciner et de couper
dans ces terrains, non-seulement les arbres de haute futaie,
mais encore les broussailles et les arbustes, sans une permission spéciale de l'intendant, laquelle ne s'accordait
qu'après des formalités compliquées.

Les villages, dans le comté de Nice, étant généralement
éloignés des montagnes élevées près desquelles les avalanches sont dangereuses, les dispositions ci-dessus y avaient
été appliquées moins souvent et dans des proportions bien
moindres que dans d'autres parties des Etats sardes, notamment dans la Savoie ; elles n'ont donc exercé qu'une
influence très-faible sur la constitution et le maintien des
forêts du comté de Nice ; elles n'en méritent pas moins
d'être signalées.

L'article 131 défendait, en principe, le défrichement des
bois des particuliers, comme de ceux soumis au régime forestier. Cependant, une exception était faite en faveur des
terrains non réservés qui, en raison de leur qualité ou qui,
d'après l'usage des lieux, étaient soumis à des assolements
alternatifs et qu'on avait coutume de laisser en jachère pour
être rendus de nouveau à la culture. Bien que, en apparence, il ne fût question que des terrains cultivables, on voit
pourtant qu'il était facile aux particuliers de comprendre
tous ceux de leurs bois qui n'avaient pas d'importance dans
l'exception ci-dessus, et nous sommes persuadé que c'est là
une des causes principales des nombreux défrichements si-

gnalés avec regret, par le baron Durante, comme ayant amené la ruine d'une grande partie des forêts du pays.

Les articles 133 et suivants règlent bien les conditions imposées pour être autorisé à essarter et à défricher les terrains non réservés, mais le danger n'en existait pas moins et la porte restait ouverte aux abus.

Enfin les articles 141 à 151 contiennent une série de dispositions analogues à celle du Code forestier français, en ce qui concerne les feux allumés dans les bois, la construction d'établissements dangereux à une certaine distance des forêts, tels que scieries, fours à chaux, etc., etc. Nous n'avons donc pas à nous y arrêter.

Nous passons également rapidement sur le *titre VI*, qui contient des dispositions, rarement appliquées d'ailleurs dans le comté de Nice, et concernant les arbres réservés pour les services publics.

La marine, l'artillerie, le génie militaire avaient le droit de choisir, dans toutes les forêts, sous certaines conditions et dans les cas de nécessité absolue, les bois qui leur étaient nécessaires.

On sait qu'en France il en est de même, dans certains cas, pour certains services publics.

Le même titre permettait l'exportation des bois hors des Etats sardes, moyennant le payement des droits de douane. Il réglait également le transport des bois par eau. Mais le flottage ayant fait l'objet d'un règlement particulier en date du 28 janvier 1834, nous en examinerons les dispositions d'une manière spéciale après l'étude sommaire du Code forestier sarde.

Le *titre VII* concerne les dévastations dans les bois et les vols de produits forestiers. Il est applicable à tous les bois, sans exception, soumis ou non soumis au régime forestier.

Les articles 161 à 174 contiennent une série de dispositions analogues à celles édictées par la loi française. Seulement il est à remarquer que les amendes imposées sont généralement beaucoup plus faibles.

Les États sardes étaient pauvres, surtout la Savoie, le comté de Nice et les districts montagneux où se trouvent la plus grande partie des forêts. L'argent y avait donc relativement une plus grande valeur qu'en France, et, malgré le grand développement de la richesse publique depuis l'annexion, il y a encore lieu de tenir grandement compte de cette circonstance. En outre, la question des dommages-intérêts était laissée à l'appréciation des tribunaux, aucun minimum n'était fixé. Le calcul de l'amende encourue pour chaque arbre coupé en délit se faisait d'une manière analogue à celui établi par la loi du 27 mai 1827. Mais l'amende était la même, en cas de délits de pâturage, pour toute espèce de bestiaux (moins les chèvres). Elle variait de 50 centimes à 3 francs, suivant les cas. Pour les chèvres, elle était fixée à 1 franc au minimum ; le tout calculé par tête de bétail. Enfin, l'amende était double dans les bois coupés depuis moins de 3 ans ! En France, elle est double, comme on sait, dans les bois au-dessous de 10 ans. Quelle différence !

Le *titre VIII* est relatif à la procédure, aux jugements et à la prescription.

Les employés de l'administration des forêts étaient spécialement chargés de rechercher et de constater les contraventions.

Toutes les dispositions concernant la rédaction des procès-verbaux, leur affirmation, la saisie des bestiaux, les visites domiciliaires, l'arrestation des contrevenants inconnus, la réquisition de la force publique, etc., ont la plus grande analogie avec celles édictées par la loi française.

Pourtant il y a lieu de faire une remarque très-importante. Les procès-verbaux dressés par les gardes et par les inspecteurs faisaient foi en justice ; mais les prévenus *étaient admis à la preuve contraire.* C'était le moyen d'assurer de nombreux acquittements, même dans les cas de culpabilité évidente, et l'action de l'administration forestière en était encore amoindrie. En outre, les contraventions étaient jugées, non pas exclusivement par les tribunaux correctionnels, comme en France, mais en grande partie par les juges de mandement (ou juges de paix), qui statuaient dans toutes les affaires où l'amende n'excédait pas 50 livres. La répression des délits échappait donc réellement à l'administration chargée de les constater. Il est vrai que ses agents avaient le droit d'interjeter appel quand ils croyaient la loi manifestement violée. Mais ce n'était pas une compensation suffisante.

Les tribunaux de préfecture (équivalents à ceux d'arrondissement en France) étaient compétents pour juger les contraventions pour lesquelles l'amende excédait 50 livres. L'inspecteur avait le droit de requérir les peines portées par la loi ; l'avocat fiscal prenait les conclusions et en réalité dirigeait les poursuites. Nous n'avons rien à signaler de particulier relativement à la procédure devant ces tribunaux ; on pouvait appeler de leurs jugements quand l'amende excédait 300 francs et la prison quinze jours.

L'article 249 et les suivants consacraient une disposition qui n'a été admise que bien longtemps après en France : ils autorisaient les transactions. Les contrevenants étaient tenus de faire une offre, et cette offre devait être acceptée par l'inspecteur quand l'amende était inférieure à 50 francs, et par l'administration centrale quand elle était plus forte, le tout avec l'autorisation ou avis de l'intendant, suivant les cas. Les frais n'étaient jamais compris dans l'offre, pas plus que l'indemnité due aux parties lésées.

Le *titre IX* réglait certaines questions transitoires ou spéciales, telles que les restitutions, la responsabilité des parents et tuteurs, la récidive, la prison, le partage du produit des amendes, etc. La prison devait toujours être prononcée à titre de peine subsidiaire, par tous les jugements, lorsque la réquisition en était faite par l'administration des bois. Elle était proportionnée à l'amende sans pouvoir excéder trois mois. Ces dispositions sont bien plus sévères que celles contenues dans le Code forestier français.

On voit que, si les deux législations avaient beaucoup de

ressemblance dans la forme, elles n'en différaient pas moins beaucoup l'une de l'autre quant au fond et quant à leurs conséquences. On était moins centralisateur à Turin qu'à Paris.

La loi française de **1827**, fille et héritière de la célèbre Ordonnance de **1669**, établissait une répression sévère et constituait une administration spéciale forte et indépendante qui a pu, pendant de longues années, assurer énergiquement la conservation des bois de l'Etat et des communes.

La loi sarde reconnaissait bien la plupart des principes généraux conformes à la bonne gestion des forêts, mais elle avait soin de laisser toujours ouverte une porte aux exceptions dans chaque province, suivant les cas, suivant les usages, suivant les besoins politiques surtout.

L'administration forestière sarde, avec son personnel peu nombreux, mal payé, médiocrement recruté, et sans attributions sérieuses, exerçait une influence très-faible dans la gestion des bois des communes, la seule qui eût de l'importance dans le comté de Nice. Les intendants paraissaient, il est vrai, revêtus d'une certaine autorité ; mais ces fonctionnaires, obligés de compter sans cesse avec les syndics pour faire marcher l'ensemble de leur administration, se trouvaient vis-à-vis d'eux dans la situation où seraient les préfets vis-à-vis des maires s'ils avaient mission de gérer en commun les affaires forestières. Tout devait donc se traiter entre eux à l'amiable, de façon à satisfaire le plus possible les intérêts des populations et surtout les intérêts des personnes influentes du pays ; tout était prévu, réglé, de manière à créer un système administratif facilement praticable, mais au détriment des vrais intérêts forestiers et généraux, qui étaient toujours sacrifiés et qui devaient l'être fatalement.

En somme, dans les Etats sardes, avec des lois médiocres, avec des administrateurs armés de faibles pouvoirs, et en prenant pour base la liberté municipale, on avait satisfait les populations. Il est vrai que dans ce système les forêts disparaissaient rapidement, et que la porte était constamment ouverte à tous les abus, ce qui était singulièrement dangereux sous le rapport de la moralité publique.

En France, au contraire, avec des lois remarquables, avec une administration forte, honnête et bien composée, et en prenant pour base la tutelle des communes par l'Etat, ainsi que l'intérêt général, on a établi un ordre de choses peu populaire et sans cesse discuté ; mais on a conservé les forêts, au moins provisoirement.

Il est difficile, comme on le voit, de se prononcer et de juger deux systèmes aussi différents, car toute appréciation dépend du point de vue auquel on se place.

Il serait encore plus difficile de proposer une combinaison qui n'eût aucun des inconvénients signalés et qui n'offrît que des avantages.

La question forestière serait-elle donc destinée à tourner toujours dans un cercle vicieux? et les forêts communales doivent-elles fatalement disparaître dans les flots de la liberté municipale ? C'est ce qu'un avenir prochain apprendra sans doute.

Quoi qu'il en soit, les dispositions de l'ancien Code forestier sarde doivent être examinées avec la plus grande attention, non-seulement parce qu'elles ont été la loi forestière du comté de Nice et qu'elles y sont l'objet de regrets vifs et constants, mais surtout parce qu'elles étaient la véritable expression d'un système administratif basé sur la liberté municipale, sur la libre satisfaction des désirs et des besoins apparents des populations.

Par conséquent, si on entre davantage, en France, dans cette voie, il faudra bien emprunter à l'ancienne loi sarde un grand nombre d'articles et surtout parmi ceux que nous avons signalés comme les plus regrettables à notre point de vue.

4° LÉGISLATION SARDE DU FLOTTAGE.

Le transport des bois, par la voie du flottage, sur les fleuves, ruisseaux, torrents et lacs étant, dans les Etats sardes, un des principaux moyens de vidange des produits forestiers, la loi, qui réglait ce mode de transport, était le complément naturel de la législation forestière et mérite d'être examinée avec attention.

Le gouvernement sarde, dès le 28 janvier 1834, c'est-à-dire deux mois après la promulgation du règlement général sur les bois, s'empressa de réunir en une loi spéciale tous les anciens règlements relatifs au flottage, en les complétant et en y apportant les changements indiqués par l'expérience (1).

Le flottage des bois, tant en billots détachés qu'en radeaux, ne pouvait s'exercer sans une autorisation spéciale accordée par l'intendant, qui devait consulter d'abord les communes intéressées et prendre l'avis de l'ingénieur et celui de l'inspecteur des forêts de la province.

Nous avons donné, dans une de nos études précédentes, des détails sur la manière dont le flottage se fait dans les forêts du comté de Nice, et nous avons expliqué que l'emploi des trains ou radeaux n'y était pas possible. On flottait donc toujours et on flotte encore par billots séparés.

Le concessionnaire autorisé à flotter devait souscrire une soumission spéciale et s'engager, sous bonne caution, à observer les conditions imposées et à réparer tout dommage.

Une amende de 50 à 100 livres et la confiscation des bois étaient les pénalités encourues en cas de contravention.

Lorsqu'on voulait faire flotter des bois en billots et qu'on était obligé d'attendre une crue extraordinaire des eaux ou quelque autre circonstance favorable, les concessionnaires

(1) Voir la note D.

étaient autorisés à apposer sur ces billots une marque particulière pour les reconnaître.

Cette marque devait être signalée, dans les communes
riveraines, aux autorités municipales; sinon, les billots
étaient considérés comme abandonnés et les concessionnaires ne pouvaient plus en exiger la restitution, à moins
d'avoir à payer des indemnités spéciales, indépendantes de
celles dues pour les dommages causés.

Les propriétaires d'usines, de moulins, d'écluses, etc.,
étaient tenus de ne point s'opposer au flottage quand il
était dûment autorisé, sauf règlement des indemnités dues
par les tribunaux compétents.

Les bois qui avaient été jetés par les eaux sur les fonds
voisins par l'effet d'une crue extraordinaire ou de quelque
autre événement de force majeure pouvaient être repris par
leurs propriétaires moyennant indemnité. Ceux qui se les
appropriaient étaient punis par les lois criminelles sur les
vols.

Toutes les questions soulevées par l'exercice du flottage,
en tant que relatives aux droits de propriété, de possession
ou de servitude, ainsi qu'à la réparation des dommages
causés, étaient de la compétence des tribunaux civils.

Ces dispositions, fort simples et fort claires, nous paraissent excellentes; on ne peut que les approuver et reconnaître ici la supériorité de la législation sarde sur la législation française, qui, en matière de flottage, aurait dû être
refondue et renouvelée depuis longtemps.

5° Nouvelle législation depuis l'annexion.

Toute la législation française a été rendue applicable au
comté de Nice depuis la nouvelle annexion. Ce fait n'a rien
que de fort naturel en présence des habitudes bien connues
de centralisation et d'unification de tous les gouvernements
qui se sont succédé en France depuis longtemps. Il n'entre
pas dans nos intentions d'examiner les conséquences de la

mise en vigueur des lois forestières françaises, les réclamations auxquelles elles ont donné lieu, les difficultés qui ont été soulevées, etc. Nous ferons seulement remarquer que, par suite de la convention internationale du **7 mars 1861**, relative à la délimitation entre la France et la Sardaigne, une partie des forêts de l'ancien comté de Nice est soumise au régime forestier français bien que ne se trouvant pas en France. En effet, l'article **8** de ladite convention porte textuellement : « Les bois appartenant à des communes fran-
« çaises et situés dans le comté de Nice, entre la ligne fron-
« tière et la crête des Alpes, seront administrés par les
« agents du gouvernement français ; toutefois ces agents ne
« seront appelés qu'à constater les délits ou contraventions
« en matière forestière qui seraient commis par des Fran-
« çais résidant en France, et leurs procès-verbaux ne pour-
« ront être mis en poursuite que devant les tribunaux
« français. »

L'article **7** de ladite convention porte que les délits commis dans les bois des communes françaises, dont les territoires s'étendent dans la zone ci-dessus, devront être poursuivis devant les tribunaux sardes quand ils auront été commis par des sujets sardes.

Ce dernier cas est fort rare et ne reçoit guère d'application, par suite du très-petit nombre d'habitants italiens demeurant dans la zone ci-dessus.

C'est en vertu de l'article **8**, qui précède, que les bois des communes françaises, qui sont compris dans cette zone, ont été soumis au régime forestier français comme ceux des autres communes du comté de Nice. Mais, à notre avis, s'il survenait à leur sujet des contestations civiles, les tribunaux italiens seraient seuls compétents. Cela fait apprécier, sans plus de détails, combien la délimitation, effectuée en **1861**, entre la France et la Sardaigne, est défectueuse et regrettable.

CHAPITRE II.

Droits d'usage, servitudes, etc.

1° Exposé.

Les droits d'usage, en matière forestière, peuvent se diviser, dans le comté de Nice, comme partout ailleurs, en trois grandes catégories, savoir :

Droits d'usage au bois, droits d'usage aux menus produits, droits d'usage au pâturage.

Nous n'hésitons pas à classer ces diverses catégories de droits dans celle que nous appelons *droits d'usage* dans la législation française, car, tous ayant été établis et fondés sous l'empire de la loi et de la jurisprudence romaines, qui ont été constamment en vigueur dans le comté de Nice, sauf depuis quelques années, il s'ensuit que la législation romaine, qui est d'accord en cela avec la législation française actuelle, leur est applicable, et qu'ils constituent de simples servitudes ou des droits d'usage. « In rusticis servi-« tutibus, computanda sunt jus pascendi, etc., etc. »

2° Droits d'usage au bois.

Nous avons déjà dit que, dans les forêts communales, les habitants reçoivent, soit au moyen des coupes affouagères, soit au moyen de délivrances spéciales de chablis ou d'arbres sur pied, les bois nécessaires tant à leur chauffage qu'à la réparation de leurs maisons ; mais nous avons fait remarquer qu'il s'agissait là plutôt de la jouissance d'un bien communal que de l'exercice d'un droit d'usage proprement dit. Nous maintenons cette appréciation.

Les cahiers des charges de la mise en ferme des pâturages accordent également, en général, la faculté, pour les bergers, de prendre dans les forêts communales, conformément aux habitudes du pays, le bois nécessaire pour l'alimentation de leur industrie. Cette faculté a existé de temps immémorial ; pourtant elle a besoin d'être sans cesse renouvelée et ne constitue pas un droit.

Les véritables droits d'usage au bois sont extrêmement rares dans le comté de Nice, ce qui s'explique par l'absence à peu près complète de forêts domaniales et par cette circonstance que la forêt de Clans, la seule de cette espèce, n'est grevée d'aucun droit de cette nature en faveur des populations voisines.

Nous pouvons citer, comme grevées de droits d'usage au bois, les forêts dans lesquelles certains particuliers sont propriétaires de servitudes de pacage connues sous le nom de bandites, servitudes auxquelles on a généralement ajouté accessoirement le privilége d'utiliser les produits de ces forêts, pour l'exercice du pâturage.

Ce sont bien là des droits d'usage au bois, mais ils sont très-peu étendus, très-peu importants ; nous y reviendrons, d'ailleurs, en étudiant la question des bandites.

Citons également, comme rentrant dans la catégorie des vrais droits d'usage au bois, le droit de la commune de Touët-Escarène au ramassage du bois mort dans certains cantons de la forêt de Luceram situés à Braüs, celui analogue de Lantosque, dans les bois de Belvédère situés dans la terre de Cour, etc., mais tous ces droits sont l'accessoire des droits d'usage au pâturage et ont une faible importance.

3° Droits d'usage aux produits accessoires.

L'enlèvement des morts-bois, de la litière, des herbes, etc., se fait dans toutes les forêts des communes, au profit de la généralité des habitants, qui n'exercent point ainsi un droit d'usage proprement dit.

Nous connaissons peu d'exemples d'enlèvements de cette nature à titre de véritables droits d'usage.

Pourtant nous pouvons citer la commune de Touët-Escarène, qui prétend avoir droit à l'extraction des menus produits, dans une partie des terrains de Braüs appartenant à Luceram, et la commune de Lantosque qui a également le droit de ramasser le bois mort et les menus produits dans le canton des Avellans, appartenant à la Bollène.

Dans la plupart des terrains communaux incultes, qui souvent dépendent des forêts ou en sont voisins, les habitants, moyennant de faibles redevances, sont dans l'usage de faire des cultures temporaires dans des parcelles qui sont abandonnées ensuite pendant longtemps à leur ancienne stérilité. Ce ne sont point encore là des droits d'usage proprement dits, à moins que ces facultés ne s'exercent dans une certaine commune par des habitants d'une commune voisine. C'est ce qui arrive à Peille, où les habitants de l'Escarène peuvent cultiver, moyennant certaines redevances, une partie des terrains vagues de la première commune. Il en est de même à Belvédère, pour les habitants de Roquebillère; mais ces cas sont rares et peu importants.

4° DROITS D'USAGE AU PATURAGE.

Ils sont assez rares dans le comté de Nice.

Nous ne parlons pas, bien entendu, du pâturage exercé par les habitants dans les forêts des communes où ils demeurent, ce qui est un cas général; mais, nous l'avons déjà dit, diverses communes ont de vrais droits d'usage au pâturage sur des terrains plus ou moins boisés appartenant à des communes voisines.

C'est ainsi que Peille, Sospel et Touët-Escarène ont des droits de pâturage, pour diverses espèces de bestiaux, sur les terrains de Braüs appartenant à la commune de Luceram; la commune de Lantosque a les mêmes droits sur le canton des Avellans appartenant à la Bollène, etc., etc.

Saint-Martin-Lantosque, Roquebillère et Lantosque ont
des droits de pâturage sur les terrains considérables boisés
et non boisés, situés au territoire de Belvédère, et connus
sous le nom de terre de Cour. Cette dernière question a
beaucoup d'importance et mériterait d'être étudiée en détail, ce qui permettrait d'apprécier les relations pastorales
des communes entre elles, le soin minutieux avec lequel
elles sont réglées, et les longs procès auxquels a donné lieu
l'exercice de droits considérés avec raison, pendant des
siècles, comme la source du principal revenu de toute la
région montagneuse du comté de Nice.

Mais nous omettons à dessein ces détails intéressants ;
nous sommes obligé de nous restreindre et de supprimer cette
partie de notre travail.

CHAPITRE III.

Vaine pâture. — Bandites.

1° Exposé.

Nous avons déjà dit, en étudiant les pâturages du comté
de Nice, que, dans un certain nombre de localités situées
généralement dans la région chaude, le droit de vaine pâture
s'est exercé de temps immémorial, d'abord sur toutes les terres
incultes des communes et des propriétaires, puis sur les bois
communaux et sur ceux des particuliers, et enfin sur les
terres cultivées mais en jachère, appartenant soit aux communes, soit à leurs habitants.

Ce droit s'exerçait primitivement au profit de toute la population d'une même localité et chacun en bénéficiait. Mais par suite de nécessités et de besoins d'argent fort anciens, par suite aussi du peu d'aptitude de ces régions chaudes à entretenir le bétail pendant l'été, ce qui a empêché les populations d'y contracter des habitudes complétement pastorales, l'usage s'est introduit, du consentement de tous, de vendre par adjudication, à des bergers étrangers embarrassés, pendant l'hiver, de leurs nombreux troupeaux de menu bétail, ce droit de vaine pâture par grands *lots* ou *bandites*, mot qui vient de l'expression italienne *bandita*, laquelle veut dire : endroit clos, réservé, renfermé, expression juste puisque le pâturage des bandites est réservé à un acquéreur déterminé à l'exclusion de tout autre, et cet usage s'est conservé jusqu'à nos jours dans plusieurs de ces localités, et notamment à Castellar, Gorbio, Sainte-Agnès, etc.

Il est assez difficile d'expliquer comment les bois, tant communaux que particuliers, ont pu être soumis au droit de vaine pâture ; nous examinerons cette question quand nous étudierons la nature légale des droits de bandite ; pour le moment, nous nous contentons d'exposer la situation telle qu'elle existe.

Les particuliers sont donc généralement réduits, dans les communes ci-dessus, à n'envoyer leur menu bétail au pâturage que du mois de juin au mois d'octobre. Quant à leurs bêtes aumailles et aux animaux de trait et de bât, ils se sont réservé ordinairement le droit de les envoyer en tout temps paître dans les bandites.

Nous avons dit, dans l'étude précédente, que ces pâturages s'afferment très-cher et que les troupeaux qu'ils reçoivent en hiver se composent de chèvres et de moutons. Ce droit de parcours est donc très-préjudiciable aux cultures de toute sorte, quelques précautions que l'on prenne pour en surveiller l'exercice. Mais c'est une ressource importante pour le budget des communes pauvres, et de plus cette charge donne la compensation de procurer des engrais, ainsi que des facilités pour l'alimentation, par suite de la production du lait, des fromages, des chevreaux et des agneaux, qui est la conséquence du séjour de ces nombreux troupeaux durant six mois dans la région chaude.

Pourtant on peut espérer que les communes et les particuliers, mieux éclairés sur leurs véritables intérêts agricoles, renonceront, dans un avenir prochain, au droit de vaine pâture dont on pourra remplacer le produit, dans les caisses municipales, par des contributions supplémentaires ou diverses autres taxes. Déjà la ville de Nice, qui possède un vaste territoire rural, a renoncé, volontairement et sans indemnité, à exercer le droit de bandite sur les terrains des particuliers, et cet usage y a pris fin.

A Falicon, les habitants ont achevé de racheter, moyennant argent, ces droits qui grevaient encore une partie de leurs propriétés, etc.

Il est inutile d'insister sur les inconvénients de la vaine pâture et sur les avantages qu'entraînera sa suppression. Le baron Durante avait signalé énergiquement ces inconvénients dans sa chorographie du comté de Nice, et il considérait le rachat des droits de bandite comme une des plus grandes améliorations à faire dans le pays.

Malheureusement il existe une dizaine de localités où cette suppression se réalisera bien difficilement. Ce sont celles dans lesquelles les droits de bandite ont été aliénés à perpétuité à des particuliers, moyennant argent (1).

Nous avons raconté d'une manière sommaire, dans notre précédente étude sur les pâturages, les causes générales : pestes, guerres, famines, rachats de droits féodaux, impositions extraordinaires, etc., qui endettèrent beaucoup de communes du comté de Nice, aux XVIᵉ et XVIIᵉ siècles. La nécessité de se libérer envers leurs créanciers les contraignit à vendre leurs bandites, dont les acquéreurs prirent le nom de bandiotes, sous lequel leurs héritiers ou ayants cause sont encore connus aujourd'hui.

(1) Voir la note M.

Quelques-unes d'entre elles ont racheté, il est vrai, tout ou partie d'un certain nombre des bandites aliénées à cette époque. Ces communes rentrent donc dans la première catégorie de celles dont nous avons parlé, au moins en ce qui concerne une portion de leur territoire. Mais ces rachats sont partiels et peu importants, et en somme la situation est restée presque la même depuis deux siècles.

Nous nous proposons de l'examiner avec soin, car la question est fort intéressante, d'abord au point de vue des communes grevées, qui sont assez nombreuses et dont plusieurs sont très-importantes, ensuite à cause de sa singularité même, car on ne trouve nulle part des conventions passées dans des termes aussi extraordinaires que les actes de vente des bandites, et, en définitive, la nature légale du droit acquis par les bandiotes n'a jamais été nettement définie jusqu'à ce jour par les tribunaux ni par la jurisprudence.

Le sujet est donc entièrement neuf. Nous en commencerons l'examen en exposant d'abord, pour plusieurs des localités, l'historique de la question et les principales conditions contenues dans les actes de vente. Nous apprécierons ensuite quelle est la nature légale, dans le comté de Nice, du droit de vaine pâture et, par suite, du droit de bandite qui en est un démembrement.

2° HISTORIQUE ET VENTE DES BANDITES.

Commune d'Utelle. — Au commencement du XVIIe siècle, la commune d'Utelle devait à ses créanciers 20,000 écus d'or, somme énorme pour le temps, car l'écu représentait environ 7 fr. 20 c. de notre monnaie ; c'était donc une dette de 144,000 francs. Les frais de guerre et d'autres calamités désastreuses avaient ruiné cette localité.

Par acte du 27 juillet 1638, Utelle vendit, pour diminuer cette dette, plusieurs bandites qui s'étendent sur une grande partie de son territoire, moyennant le prix de 1,925 écus d'or, à Gaspard Lascaris, des comtes de Castellar, dont les ayants cause les possèdent encore aujourd'hui.

Les bandiotes entrent en jouissance le 25 décembre, et leurs troupeaux doivent quitter les pâturages le 16 mars suivant, à midi. Les habitants jouissent du pâturage sur tous les terrains compris dans les bandites, pendant le restant de l'année, sauf depuis le 18 octobre jusqu'au 25 décembre, époque pendant laquelle ces terrains sont défendus à tout le monde, afin de ménager les ressources de l'hiver.

Depuis le 25 décembre jusqu'au 16 mars, il est défendu aux habitants d'introduire le menu bétail dans les bandites ; ce droit constitue le privilége exclusif des bandiotes ; mais les habitants ont la faculté d'y conduire chacun trois bêtes à cornes pour chaque charrue qu'ils emploient au labourage des terres cultivées irrégulièrement et restant longtemps en jachère.

Le droit de bandite ne s'étend pas aux terrains qui sont l'objet d'une culture permanente. Il grève les terrains particuliers comme les terrains communaux.

La commune s'est réservé au moment de la vente, ou a racheté depuis, plusieurs bandites qu'elle afferme annuellement et dont elle tire un revenu comme les autres bandiotes, bien que ces bandites se composent principalement de propriétés particulières.

Commune de la Roquette-Saint-Martin. — Par un acte de vente du 3 novembre 1643, la commune et les habitants de la Roquette-Saint-Martin ont cédé à leurs créanciers, en payement de dettes semblables à celles de la commune d'Utelle, diverses propriétés communales et plusieurs bandites, qui sont encore possédées par les héritiers des anciens acquéreurs.

Les bandiotes ont le droit de pâturage depuis le 11 novembre de chaque année jusqu'au 30 avril de l'année suivante. Pendant le même temps, les habitants peuvent faire dépaître sur les bandites chacun trois bœufs, une vache et un veau, et, en outre, tous leurs chevaux, ânes et mulets.

Ils ont la libre jouissance des pâturages pendant les autres saisons.

Le droit de bandite s'exerce sur les terrains communaux et particuliers en friche, mais dans une partie seulement de la commune.

Commune de Peille. — Par une transaction amiable du 27 juillet 1622, Peille a concédé aux habitants de l'Escarène, pour mettre un terme aux différends qui existaient depuis longtemps entre les deux communes, le droit de défricher et de cultiver les terrains communaux situés sur son territoire, dans la région dite Veira.

En outre, par acte du 17 avril 1635, la même commune de Peille, pour se libérer d'une somme de 30,000 écus d'or (environ 216,000 francs) qu'elle devait à ses créanciers, leur donna en payement diverses propriétés qu'elle possédait alors, plus le droit de défricher et de cultiver, moyennant certaines taxes, les terrains de la commune, et enfin onze bandites comprenant la totalité de son territoire, moins les terrains cultivés en Oliviers.

Par une clause spéciale, Peille s'est interdit le droit de vendre des coupes de bois dans ses forêts, sous peine d'un écu d'amende par arbre abattu. Elle a réservé seulement la faculté, pour ses habitants, de couper le bois nécessaire à leur chauffage et à la cuisson de la chaux.

Par un acte postérieur en date du 18 août 1642, Peille a cédé à un autre de ses créanciers, comme remboursement d'une dette de 10,000 écus d'or (soit environ 72,000 francs), le droit de percevoir le huitième des taxes payées par ses habitants et le quart de celles payées par les habitants de l'Escarène, pour le défrichement et la culture des terres communales situées sur son propre territoire.

Quelque pénible que fût une situation qui a conduit à de semblables aliénations, Peille a pourtant fait quelques réserves en faveur de la population locale. Ainsi les bandiotes n'ont droit au pâturage que du 1er novembre au 3 mai. Du 4 juillet au 1er novembre, la dépaissance est libre pour tout le monde sur tous les terrains en friche. Enfin, du 3 mai au 4 juillet, le droit de pâturage appartient à la commune, qui l'afferme au profit de la caisse municipale.

De plus, les propriétaires de Peille ont le droit de faire de la litière pour leur usage et de conduire, en tout temps, dans les bandites, chacun six vaches avec les veaux, et des bœufs en quantité suffisante pour cultiver leurs terres.

Commune de Breil. — Par acte du 16 septembre 1645, la commune de Breil a cédé à ses créanciers divers immeubles ou propriétés et sept bandites s'étendant sur la majeure partie de son territoire, afin de se libérer d'une dette de 11,617 ducatons ou environ 72,777 livres qu'elle avait contractée dans les mêmes conditions que les communes précédentes.

Aux termes de cet acte, les propriétaires des bandites ont la faculté d'y faire dépaître les menus bestiaux, conformément à l'usage, du 1er août au 15 avril de l'année suivante, à l'exception des terrains complantés en Vignes ou en Oliviers, et des jardins ou prairies, dans lesquels la dépaissance ne pouvait avoir lieu que du 25 novembre au 1er mars, et seulement avec des bêtes à laine. Ce dernier droit a été racheté en 1848.

Les particuliers de Breil ont la faculté de faire paître dans ces bandites, en tout temps, sans aucun payement, leurs gros bestiaux et leurs bêtes de somme, en se conformant, toutefois, au règlement municipal arrêté en réunion publique le 25 mars 1630.

Quelques bandites ont été rachetées par Breil et se louent, chaque année, à son profit.

Commune de Sospel. — Les motifs qui ont porté cette commune à aliéner une partie de ses bandites sont d'une nature particulière. Ils remontent à une époque fort reculée. C'est, en effet, par suite de l'autorisation accordée, par les ducs de Savoie, le 29 janvier 1548, aux habitants de Sospel, de racheter les droits féodaux qui grevaient leur territoire, que furent contractées des dettes envers le fisc, dont il fallut enfin se libérer au commencement du xviiie siècle.

Le 24 janvier **1705**, trois bandites furent aliénées pour payer une somme de **25,000** livres due au gouvernement.

Les bandiotes ont droit de faire dépaître toute espèce de bétail depuis le **30** novembre jusqu'au **6** juin de chaque année, excepté dans les terres ensemencées en céréales. Ils peuvent conduire leurs bestiaux dans les bois, dans les Oliviers, dans les prés et même dans les Vignes des particuliers, en se conformant aux usages du pays. Ils peuvent se servir des granges pour abriter les bergers et les bestiaux, couper du bois pour l'usage des bergers, et enfin, en cas de mauvais temps, ébrancher des arbres feuillus, pour la nourriture du bétail.

Ces conditions sont très-désavantageuses et sont faiblement compensées par la faculté réservée aux habitants de faire paître leurs bêtes bovines, à l'exclusion du menu bétail, en tout temps dans les bandites.

Commune de Duranus. — La vente des bandites de Duranus a eu lieu, pour les mêmes motifs qu'à Utelle, Peille, etc., en **1611** et en **1721**.

Les réserves faites en faveur des habitants ne nous paraissent pas offrir un intérêt spécial.

Les bandiotes ont la jouissance du pâturage depuis le **8** septembre jusqu'au **25** mars de l'année suivante, et les habitants pendant le surplus de l'année.

Commune d'Aspremont. — Nous n'avons rien de particulier à signaler à propos des bandites d'Aspremont. Plusieurs ont été vendues aux comtes de Lascaris, dont les ayants cause les possèdent encore aujourd'hui. D'autres sont restées en la possession de la commune, qui les afferme, chaque année, à son profit.

Le pâturage dure, dans toutes les bandites, depuis le **20** novembre jusqu'au **30** mai de l'année suivante.

Les habitants ont la faculté d'y envoyer leurs bestiaux pendant le surplus de l'année.

Commune d'Eza. — Le **31** mai **1748**, la commune d'Eza a vendu, pour une somme de **7,666** francs environ, une partie de la bandite de Villa, une des cinq qui existent sur son territoire et la seule qui lui appartînt alors.

La commune et les habitants étaient poursuivis pour le payement de frais de guerre, à l'occasion desquels quelques particuliers des plus notables étaient détenus en otage.

La vente faite dans des conditions aussi fâcheuses ne contient qu'une seule réserve en faveur du troupeau de la boucherie. Les habitants n'ont conservé aucun droit d'envoyer leurs bestiaux au pâturage dans ladite bandite pendant une partie de l'année. La servitude dont sont grevées les propriétés particulières est donc fort lourde.

Le droit de rachat, réservé par la commune venderesse, était limité à vingt ans.

Commune de Coaraze. — En vertu d'actes datés de **1639** et de cahiers des charges dressés en **1640**, le tout confirmé par le jugement du Sénat de Nice du **18** décembre **1642**, la commune de Coaraze a vendu, à ses créanciers, plusieurs des bandites existant sur son territoire, ainsi que plusieurs propriétés lui appartenant, pour se libérer des dettes qu'elle avait contractées par les mêmes motifs que les autres communes ci-dessus.

Le territoire de Coaraze étant d'un parcours très-difficile et entièrement dépourvu de chemins à cette époque, les bandites y étaient séparées, de temps immémorial, par de vastes espaces non compris dans leurs limites et destinés à servir de routes pastorales pour l'introduction et la sortie des troupeaux : c'est ce que l'on nomme les terziers.

Les bandiotes ont l'usage exclusif de leurs bandites et des terziers qui en dépendent depuis le **30** novembre jusqu'au **30** mai suivant.

Les bandites deviennent communes entre les bandiotes depuis le **25** mars jusqu'au **30** mai, ce qui permet à ces derniers de faire pacager leurs troupeaux à portée de leurs propriétés et d'y faire ainsi facilement des vastières pour le fumage des terres cultivées.

La commune s'est réservé le droit d'introduire dans les bandites et dans les terziers, pendant certaines époques déterminées et en nombre limité, le troupeau de la boucherie et celui de la Cabraïra-Caulana. Elle a réservé aussi aux habitants le droit d'y introduire, en nombre limité, leurs bêtes de travail depuis le 25 mars jusqu'au 30 septembre.

Commune de Châteauneuf. — Par acte du 3 septembre 1635, confirmé par la transaction du 16 novembre 1635, la commune de Châteauneuf a vendu à plusieurs des anciens seigneurs du pays, moyennant le prix de 4,950 écus d'or d'Italie, soit environ 35,640 francs de notre monnaie, dans le but de se libérer de dettes contractées pour arrérages d'impôts et de dîmes ecclésiastiques :

1° Les parts de juridictions et de fiefs qui lui appartenaient ;

2° Diverses propriétés, notamment des moulins à huile et à farine ;

3° Les bandites de la commune.

La servitude de pacage grève, à Châteauneuf comme à Coaraze, non-seulement les terrains compris dans les bandites, mais aussi les terziers qui en dépendent. Le pâturage commence le 20 novembre sur les terziers, lesquels sont communs à tous les bandiotes. Il dure, dans les bandites, du 30 novembre au 1er juin, et s'exerce sur toutes les terres en friche appartenant aux particuliers comme sur les terrains communaux.

La commune a fait des réserves en faveur du troupeau de la boucherie.

Chaque chef de famille a conservé le droit de faire dépaître gratuitement dans les bandites quatre bœufs, une vache et un veau, à la condition de les tenir à la corde ; une chèvre et un chevreau lui appartenant en propre, sans que ces animaux puissent être réunis en troupeau, et, en outre, un nombre illimité de porcs et d'animaux de selle et de bât, à condition, toutefois, que ceux qui posséderaient, dans la commune, plus de quatre bœufs, une vache et un veau seraient tenus de payer chaque année, pour chaque bête excédante, une taxe de 12 sous.

Les particuliers étaient tenus de consigner, chaque année, à la Saint-Michel, le nombre de bestiaux excédant au bayle ou agent des seigneurs sous peine de payer double taxe.

Il a été encore convenu qu'il serait permis aux habitants de cultiver et de planter dans les bandites, moyennant le payement du vingtième des récoltes, en grains, légumes, vin et huile seulement.

Il leur était, en outre, permis de faire du bois tant pour leur usage que pour aller le vendre à Nice, et pour alimenter des fours à brique ou à chaux, à condition, cependant, que ceux qui voudraient établir des fours à brique ou à chaux seraient tenus d'en informer les seigneurs pour qu'il ne se commît point d'abus.

Commune de Luceram. — Le 9 avril 1604, la commune de Luceram contracte un emprunt considérable à un taux d'intérêt fort élevé avec le sieur Sibaudo, de Villefranche, et fournit, comme gage de cette créance, toutes les propriétés qu'elle possédait, y compris ses bandites.

Cette commune se trouvait dans cette nécessité, comme les précédentes, par suite des malheurs du temps. Elle ne put se libérer de cette dette, qui montait, en 1635, à 4,000 écus d'or, malgré les à-compte payés. C'est pour ce prix que, par acte du 1er novembre 1635, quinze des bandites de Luceram furent vendues au fils du sieur Sibaudo, dont les héritiers ou ayants cause les possèdent encore aujourd'hui.

Les bandiotes, comme à Châteauneuf et à Coaraze, ont la faculté de faire paître leurs troupeaux, non-seulement dans leurs bandites, mais aussi dans les terziers y attenant, depuis le 15 août jusqu'au 8 avril suivant.

Les habitants peuvent faire pacager toute l'année dans lesdites bandites, et sans aucun payement, leurs bêtes bovines de labour et de pied rond. Le pacage des bandites, depuis le 8 avril jusqu'au 15 août, reste à la commune et aux habitants. Deux bandites ont été spécialement conservées pour leur usage. Enfin, des réserves spéciales ont été faites en faveur du troupeau de la boucherie et de celui de la Cabraïra-Caulana, qui ont la faculté de pacager, à certaines époques, dans plusieurs bandites.

Nous pourrions entrer dans des détails beaucoup plus étendus sur l'historique de la question ; mais nous croyons en avoir dit assez pour faire comprendre, au moins d'une manière générale, l'ordre de choses créé par la vente des bandites et les conséquences qui en résultent encore aujourd'hui pour les communes ci-dessus dénommées.

3° Remarques générales sur les actes de vente des bandites.

Les actes de vente des bandites ont été presque tous rédigés, au commencement du xviie siècle, dans la langue officielle de cette époque, c'est-à-dire en italien, et par les notaires du pays, avec le luxe d'expressions et de détails qui était alors en usage pour le libellé des actes de vente des immeubles ordinaires (1).

Les notaires rédacteurs ont dû suivre leurs formules habituelles, d'abord par routine, ensuite parce que les mêmes actes portaient aussi vente d'autres propriétés d'une nature toute différente que les bandites (2).

Les communes du comté de Nice étaient tellement ruinées qu'elles ont aliéné souvent à cette époque, non-seulement leurs bandites, mais leurs moulins à blé et à huile, leurs fours banaux, les droits seigneuriaux qu'elles possédaient ou qu'elles avaient rachetés, etc., etc.

Le même acte portant vente des objets les plus divers, on croirait, quand on lit les passages concernant les bandites,

(1) Voir la note F.
(2) Voir la note L.

que ce sont de vastes propriétés qui ont été aliénées en fonds et superficie.

Remarquons que toutes ces ventes ont été effectuées non-seulement par les municipalités qui dirigeaient l'administration des communes, mais par la grande majorité des propriétaires eux-mêmes, dûment convoqués, et dont la présence, le consentement et l'intervention sont constatés avec soin (1). Il est inutile d'ajouter que les autorités du comté, notamment le Sénat de Nice, les ont confirmées par des décrets ou par des sentences. Tout s'est donc passé régulièrement.

Nous avons expliqué déjà que, malgré les termes employés dans les actes de vente, il n'y avait jamais eu de difficultés sérieuses pour reconnaître la part de jouissance faite à chacun par lesdits actes.

On peut dire, d'une manière générale, que les acquéreurs ou bandiotes ont acquis le droit de pâturage, pour le menu bétail et pendant une partie déterminée de l'année, sur certains fonds appelés bandites, dont les limites ont été fixées.

Les propriétaires des terrains compris dans ces limites ont accepté ladite charge de pâturage qui, depuis lors, a grevé et grève encore leurs immeubles ; telle est la situation.

Or, en prenant le cas le plus fréquent pour exemple, les propriétés comprises dans une même bandite sont d'espèces fort diverses.

On y trouve habituellement des terres cultivées, des Oliviers, des Vignes, des prés et des bois appartenant à des particuliers ; des terres en friche, d'autres cultivées irrégulièrement, et des bois appartenant aux communes ; le tout mélangé et grevé des mêmes charges de pâturage.

Il y a des bandites qui ne comprennent que des propriétés particulières, d'autres que des propriétés communales, mais ordinairement le droit de bandite s'étend sur toute espèce

(1) Voir la note E.

de propriétés tant communales que particulières, ainsi que nous venons de le dire.

Outre le droit de pâturage en hiver pour le menu bétail, les concessions généralement faites aux bandiotes, sous certaines conditions qui varient dans chaque commune, sont les suivantes (1) :

1° Franchise complète d'impôts de toute espèce, et au moins de toutes taxes municipales, les communes se chargent de ces dernières (2);

2° Faculté, pour les bergers, de prendre dans les forêts communales le bois nécessaire à leur industrie (construction de cabanes, chauffage, cuisson du fromage, etc.) (3);

3° Usage, pour le pâturage, de certains terrains, dénommés terziers, attenants aux bandites (4);

4° Faculté de louer, vendre et hypothéquer leurs bandites;

5° Faculté d'y introduire des troupeaux étrangers au pays;

6° Obligation, par les vendeurs, de racheter la bandite entière et non partiellement.

Les réserves stipulées en faveur des habitants et des municipalités sont, en général (5) :

1° Faculté de rachat en argent et ordinairement au prix de vente, mais limitée à un certain nombre d'années;

2° Droit de préférence, en cas de vente, par le bandiote;

3° Faculté de pacage gratuit dans les bandites, pendant la saison d'hiver, pour les gros bestiaux des habitants (bêtes bovines et animaux de trait et de bât);

4° Réserve du droit de pâturage, hors de la saison d'hiver, pour toute espèce de bestiaux;

5° Semblable réserve, sous certaines conditions, même

(1) Voir la note G.
(2) Voir la note H.
(3) Voir la note I.
(4) Voir la note J.
(5) Voir la note K.

pendant la saison d'hiver, pour le troupeau de la boucherie et celui de la Cabraïra-Caulana (voir, pour les détails, l'Étude précédente sur les pâturages) ;

6° Réserve des bois en faveur de la commune qui, généralement, a toujours disposé de leurs produits et les a vendus seule à son profit ;

7° Faculté aux habitants de cultiver les terres communales en friche comprises dans les bandites, ce qui interrompait momentanément l'exercice du pâturage sur lesdites terres.

Cette promiscuité de jouissance, entre la commune, les bandiotes et les habitants, est un des cas les plus singuliers qui puissent se présenter, et il est d'une complication toute particulière.

On se demande quel est, en définitive, le vrai propriétaire ; et, au premier abord, on est fort embarrassé pour répondre.

Pourtant les choses marchent ainsi depuis des siècles, et, comme nous l'avons dit, chacun se fait sa part facilement, tant est grande la force de l'habitude !

Notons que les bandites, rachetées à diverses époques, l'ont toujours été à prix d'argent et non par cantonnement.

Notons aussi que, si les bandiotes ont loué, vendu et hypothéqué leurs bandites, les propriétaires, dont les immeubles sont compris dans les limites desdites bandites, ont loué, vendu et hypothéqué leurs immeubles, les uns et les autres agissant librement chacun de son côté. Le même fonds pouvait donc se trouver grevé d'une double hypothèque en faveur du même créancier et être exproprié deux fois.

Dans l'opinion générale des habitants, les communes et les particuliers sont restés propriétaires du sol et n'ont vendu que des droits de pacage, démembrement de la vaine pâture.

Nous ajouterons que, sous le premier Empire, on avait assujetti les propriétaires de bandites à payer une partie de

16

l'impôt foncier dû au Trésor ; mais cela ne change pas la situation des choses. Nous ne connaissons aujourd'hui que les bandiotes de Breil qui payent l'impôt foncier pour les terrains communaux seulement compris dans leurs bandites, et cela en vertu d'une convention spéciale bien connue, par laquelle les bandiotes se libèrent ainsi de la rente perpétuelle de 25 écus d'or, qu'ils seraient obligés de payer chaque année, à la Saint-Michel, à la caisse municipale, en vertu de l'acte de vente des bandites du 7 septembre 1645.

Ces faits, nous le répétons, ne peuvent amener aucune interversion de titres.

D'après la loi, ou mieux d'après la jurisprudence française, l'impôt est dû par celui ou par ceux qui jouissent des fruits de la terre, qu'ils soient propriétaires ou usagers, et, d'ailleurs, les titres constitutifs des bandites sont trop anciens pour être modifiés par des lois récentes.

4° DES TERZIERS ATTENANTS AUX BANDITES.

Ainsi que nous l'avons dit, à propos des bandites de Châteauneuf, de Luceram et de Coaraze, il y a plusieurs communes où, par suite de la difficulté du parcours et pour donner un accès plus facile aux troupeaux le plus souvent étrangers au pays, on a délimité, dans le voisinage immédiat des bandites vendues, de vastes espaces, connus sous le nom de terziers, et destinés à l'usage que nous avons expliqué.

Le droit de pâturage dans les terziers a été accordé aux bandiotes, mais pas au même titre que dans leurs bandites. Dans ces dernières ils sont véritablement propriétaires du droit de pâturage pendant la saison d'hiver ; tandis que dans les terziers les bandiotes ne peuvent être considérés que comme cessionnaires d'un droit d'usage qui leur permet de faire paître leurs troupeaux accessoirement sur les terrains en question, mais dont la concession a eu pour but principal de rendre possible l'exercice du droit de pâturage dans les bandites qui ont été vendues spécialement à chacun d'eux. Ces principes ont été parfaitement établis dans un jugement du tribunal de Nice du 9 août 1869, entre la commune de Coaraze et le comte Deorestis, jugement qui est devenu définitif, et auquel nous renvoyons pour plus de détails. Il est à remarquer, d'ailleurs, à l'appui de cette opinion, que tous les bandiotes d'une même commune ont souvent les mêmes droits de pâturage dans tous les terziers, lesquels sont communs entre eux et parfois aussi avec les habitants, même avant que le pâturage cesse dans les bandites. Ces droits ne sauraient donc constituer une sorte de propriété particulière comme ceux qu'ils possèdent dans les bandites.

5° DE LA NATURE LÉGALE DU DROIT DE BANDITE D'APRÈS LE DROIT CIVIL SARDE OU LE DROIT ROMAIN.

Pour pouvoir apprécier la nature légale des droits acquis par les bandiotes il faut se rappeler que ces droits ont été constitués la plupart au XVIIe siècle et quelques-uns au XVIIIe, époques auxquelles la législation civile sarde n'était autre que le droit romain.

La question ne peut donc être résolue par le droit civil français. Il est clair, en effet, que des droits constitués à une époque quelconque doivent être régis par la législation du temps auquel ils ont été créés.

Nous examinerons pourtant plus tard les droits de bandite dans leurs rapports avec la législation civile française, qui est actuellement en vigueur dans le comté de Nice, mais à titre de renseignement et de complément d'étude.

La question peut être posée de trois manières :

1° Le droit de bandite est-il un droit de propriété ?

2° Est-il un droit d'usage ? une simple servitude ?

3° Est-il un droit de copropriété ?

En un mot, les bandiotes sont-ils seuls propriétaires du sol des immeubles compris dans leurs bandites, ce qui réduirait les propriétaires de ces immeubles à la position de simples usagers ? Ou bien les propriétaires de ces immeubles sont-ils aussi les seuls propriétaires du sol, tandis que les bandiotes ne seraient, à leur tour, que de simples usagers?

Ou, enfin, les bandiotes et les divers possesseurs d'immeubles compris dans leurs bandites sont-ils, vis-à-vis les uns des autres, dans la position de copropriétaires, se partageant la propriété d'un même fonds?

Nous allons examiner successivement ces diverses hypothèses.

La première est celle-ci : Les bandiotes sont-ils seuls propriétaires du sol?

Voici les arguments que l'on peut invoquer à l'appui de cette opinion :

La teneur des actes de vente est la même pour les bandites que pour les autres propriétés communales vendues en même temps, telles que les moulins, les fours, etc., lesquelles ont été aliénées d'une manière complète. Par conséquent, l'aliénation des terrains compris dans les bandites a été complète aussi et s'étend jusqu'au sol même.

Dans aucun des actes on ne lit que les communes aient aliéné *le droit de bandite* sur telle ou telle portion de leur territoire. Ces actes portent tous aliénation *des bandites elles-mêmes.*

Les habitants sont tous intervenus dans ces ventes avec les municipalités qui dirigeaient les communes. Ils ont consenti, de concert, à l'aliénation des bandites, et leur consentement unanime, ou du moins celui du plus grand nombre, est toujours relaté avec soin.

Les réserves de pâturage, stipulées en faveur des habitants, ne constituent qu'un simple droit d'usage conservé par eux.

Les actes d'aliénation mentionnent que les bandiotes peuvent louer, vendre, hypothéquer leurs bandites, ce qu'ils ont toujours fait sans difficultés ; ils en sont donc les seuls propriétaires.

S'ils n'ont pas payé d'impôt jusqu'à l'époque des annexions à la France, c'est que cette clause est stipulée en leur faveur d'une manière formelle ; mais elle ne diminue pas leur droit.

La réponse à ces arguments est facile.

Il est, en effet, notoire, dans tout le pays, que l'aliénation des bandites, bien que remontant à plus de deux siècles, n'a jamais empêché les possesseurs des immeubles compris dans leurs limites de louer, de vendre et d'hypothéquer lesdits immeubles sans aucune intervention de la part des bandiotes, dont les droits de pâturage n'ont jamais été, d'ailleurs, méconnus ;

Que, dans les temps anciens, lesdits propriétaires ont continué à payer l'impôt au gouvernement sarde comme avant l'aliénation des bandites ;

Qu'ils ont généralement conservé la liberté de cultiver leurs propriétés suivant leur bon plaisir, dût le droit de bandite en être momentanément suspendu ou atténué par le genre spécial de culture adopté ;

Qu'ils ont toujours exercé certains droits de pâturage, même dans les bandites, sous certaines conditions, sans l'intervention des bandiotes ;

Que, spécialement, en ce qui concerne les bois communaux compris dans les bandites, les communes ont toujours profité seules du produit des coupes desdits bois.

Ces raisons suffisent pour démontrer que les bandiotes ne sont pas seuls propriétaires du sol de leurs bandites.

Ne seraient-ils propriétaires que de servitudes de pacage, c'est-à-dire simples usagers ?

C'est la seconde hypothèse que nous allons examiner.

Voici les arguments qu'on peut invoquer en sa faveur :

Sans s'arrêter aux termes des actes notariés, et en prenant la chose pour ce qu'elle est, les communes n'ont aliéné, après tout, que des servitudes de pacage sur des immeubles appartenant, soit à elles-mêmes, soit aux habitants, servitudes restreintes à une partie de l'année seulement et dont parfois certaines natures de propriété sont exemptes.

Cette aliénation n'est, en définitive, qu'un démembrement de la vaine pâture, et cela pendant l'hiver seulement et sous certaines réserves.

Or, d'après le droit romain, le droit de pâturage, même pendant l'année entière, n'est qu'une simple servitude ou un droit d'usage ; par conséquent, la partie ne pouvant être supérieure au tout, le droit de bandite ne peut être aussi qu'une servitude.

Les communes ont réglé, le plus souvent, dans les actes de vente, les conditions sous lesquelles le pâturage peut s'exercer dans les bandites.

Les concessions faites en faveur des bergers, pour leur chauffage, pour leur abri, etc., sont des droits d'usage au bois, simple corollaire du droit d'usage au pâturage et de la même nature que lui. On sait, d'ailleurs, que les communes se sont généralement réservé le produit des coupes de bois.

Le rachat de plusieurs bandites, qui s'est fait du temps de l'ancienne législation sarde, a toujours eu lieu à prix d'argent et non par cantonnement.

Si, depuis le premier Empire, les bandiotes payent une partie de l'impôt foncier, cela ne peut amener une interversion de titres, et il est équitable que l'impôt soit payé par tous ceux qui jouissent des fruits de la terre.

Enfin, si les bandites ont pu être vendues, hypothéquées, etc., contrairement à ce qui est permis pour les droits d'usage ordinaires, cela tient à ce que les droits des bandiotes ayant été constitués *à titre onéreux*, achetés *à prix d'argent*, ils devaient pouvoir en jouir de même, c'est-à-dire les louer, les vendre, etc.

Ces arguments ont une importance incontestable ; pourtant on peut leur objecter que, si le droit de bandite était un simple droit d'usage, il faudrait qu'il eût été constitué en faveur d'un fonds déterminé, ce qui n'existe pas. En effet, le droit des bandiotes n'est pas restreint à faire pacager, dans leurs bandites, les bestiaux leur appartenant en propre et vivant d'ordinaire sur les autres propriétés qu'ils devraient posséder dans la commune de la situation des lieux ; il est bien plus étendu.

Les bandiotes peuvent introduire dans leurs bandites les troupeaux des autres habitants, quand eux-mêmes n'en possèdent pas et, à leur défaut, ils ont le droit d'affermer le pâturage, pendant la saison d'hiver, à des bergers étrangers au pays. C'est même le cas le plus fréquent.

Nous avons déjà dit que le droit de bandite pouvait être vendu, loué, hypothéqué ; ce n'est donc pas un droit personnel ; ce n'est point non plus un droit d'usage mesuré sur des besoins et sujet à délivrance, même quand il a été acquis à prix d'argent.

C'est un droit perpétuel dont le propriétaire peut jouir, user et disposer des fruits, sans être tenu de conserver la substance de la chose ; par conséquent, ce droit ne peut être ni un droit d'usage ni une servitude, car des droits de cette nature ne peuvent être constitués, même par titre, même à prix d'argent, dans les conditions où se trouvent les bandites.

Enfin, nous sommes obligé de constater que les bandiotes ont exercé largement le principal droit de la propriété : celui non-seulement de jouir, mais *d'abuser*. Le nombre des bestiaux qu'ils pouvaient introduire dans les bandites a toujours été laissé à leur bon plaisir (sauf quelques règlements partiels pour la quantité de chèvres à admettre dans les bois soumis au régime forestier sarde). C'est à cette cause que l'on doit l'état de dégradation spécial et si regrettable dans lequel se trouvent les pâturages d'hiver dans les communes grevées de ces droits. On aurait pu forcer des usagers à jouir en bons pères de famille.

Nous reconnaissons à ces arguments une autorité complète, et nous sommes amené à conclure que le droit de bandite n'étant ni un droit de propriété exclusif ni un droit

d'usage, il ne peut être autre chose qu'un droit de copropriété. Mais il est incontestable qu'il constitue une copropriété d'une nature toute spéciale et toute particulière, ce
que nous allons examiner avec soin.

Rappelons que, en général, chaque bandite comprend,
dans ses limites, trois grandes catégories de propriétés, savoir :
1° des terrains cultivés d'une manière permanente et appartenant en propre aux habitants ; 2° des terrains non boisés
appartenant aux communes et qui sont, en partie, cultivés de
temps en temps par les habitants ; 3° des bois appartenant
auxdites communes.

Ces bois ne sont que les débris des immenses forêts qui
couvraient autrefois toutes les montagnes du comté de Nice,
c'est ce que nous avons prouvé dans une de nos Etudes précédentes sur les forêts, en nous appuyant sur les dires des
anciens auteurs et sur la connaissance des lieux qui permet
de vérifier que leurs assertions sont fondées. Donc, au commencement du xvii° siècle, c'est-à-dire à l'époque où la
plupart des bandites ont été aliénées, on peut affirmer que
les deux catégories de terrains communaux existant aujour-
d'hui, c'est-à-dire les forêts et les terrains en friche, n'en
formaient qu'une, qui était entièrement ou presque entièrement boisée. C'est, avant tout, aux abus de pâturage que l'on
doit la disparition de ces immenses forêts ; mais elles existaient bien certainement quand les bandites ont été vendues. C'est une circonstance qu'il ne faut pas perdre de
vue.

D'après ce que nous avons exposé, la nature du droit de
bandite qui grève les propriétés particulières ne peut être
douteuse ; *c'est au maximum un droit de copropriété.*

En est-il de même pour les propriétés communales ?

On peut être porté à croire, au premier abord, que la situation des terrains communaux compris dans les bandites est
moins favorable que celle des terrains particuliers. En effet, les
propriétaires de ces derniers ont fait, depuis bien des générations, une série d'actes qui maintiennent et sauvegardent

leurs droits, tandis qu'on peut prétendre que les communes, depuis l'aliénation des bandites, n'ont plus exercé, dans celles de leurs propriétés comprises dans les limites desdites bandites, que des actes de jouissance à titre d'usagères, et que l'aliénation du fonds a été complète, comme pour les moulins, les fours et autres propriétés communales diverses, vendues à la même époque et par les mêmes actes.

Nous ferons pourtant une remarque générale, c'est que le droit de bandite peut difficilement être scindé et qu'il doit être le même pour les diverses propriétés qu'il grève.

Supposons pourtant qu'il n'en soit pas ainsi et que les communes aient aliéné non-seulement le droit de pâturage sur les terrains communaux compris dans les bandites, mais encore le sol lui-même ?

Leur position serait-elle réduite à celle de simples usagères ?

Afin de répondre à cette question capitale, ne perdons pas de vue que, presque partout, les communes se sont réservé la jouissance des bois, et même, quand ces réserves n'ont pas été inscrites dans les contrats de vente, elles ont été faites en réalité par une série d'actes postérieurs incontestables. On peut admettre, en général, que les communes ont vendu à leur profit, de temps immémorial, les coupes de bois faites dans les forêts grevées de droits de bandite, et que les concessions de bois pour le chauffage des bergers, d'ébranchage pour la nourriture du bétail, d'arbres pour la construction des cabanes, etc., ne constituent que de simples concessions de droits d'usage; en un mot, que les communes se sont réservé tout le produit des forêts, moins le pâturage dont les susdits droits ne sont que le corollaire.

N'oublions pas que les terrains communaux sont plus ou moins boisés, et reprenons la supposition ci-dessus, c'est-à-dire admettons, pour un instant, que les communes ont vendu non-seulement le pâturage, mais encore le sol même des terrains leur appartenant autrefois et compris dans les bandites.

Seraient-elles, pour cela, réduites à la simple position d'usagères, et les bandiotes seraient-ils seuls propriétaires (pour cette portion de leurs bandites, bien entendu)?

Nous pouvons prouver qu'il n'en est rien, et que même, dans cette position fâcheuse, les communes seraient encore copropriétaires.

En effet, d'après le droit romain, auquel nous devons nous reporter, les communes, en vendant le sol et le pâturage de leurs forêts, mais en se réservant la jouissance des bois, ont conservé pour elles-mêmes ce qu'on appelle un droit de *superficie* (1), lequel constitue une propriété distincte de celle du sol et qui n'est pas seulement un droit mobilier, mais bien un véritable immeuble par nature, c'est-à-dire *une copropriété*.

Elles seraient donc encore restées copropriétaires, même dans cette hypothèse regrettable qui, heureusement, ne s'est presque jamais présentée. Il est donc permis de poser en principe que le droit de bandite *est, au maximum, un droit de copropriété, et nous dirons même de copropriété restreinte*, car nous ne connaissons peut-être qu'une seule commune (Eze), où le pâturage ait été aliéné pour l'année entière.

Dans toutes les autres, les bandiotes n'ont acheté que le pâturage d'hiver.

Maintenant, nous devons reconnaître que le droit de bandite nous paraît constituer également, *au minimum, un droit de copropriété*; par conséquent, on peut le définir ainsi qu'il suit :

Le droit de bandite est un droit de copropriété créé du consentement des communes et des habitants, à prix d'argent, en faveur d'acquéreurs déterminés, de leurs héritiers et ayants cause, dans le but de l'exploitation du pâturage d'hiver et au détriment des propriétés de toute nature, tant

(1) Voir *Revue des eaux et forêts*, Bulletin, tome II, page 384.

communales que particulières, comprises dans les limites des
bandites vendues.

Ce droit de copropriété a généralement pour complément
des **droits d'usage** aux bois concédés, par les actes de vente,
en faveur d'un fonds dominant, qui est la bandite elle-
même, droits qui consistent d'ordinaire à prendre dans les
forêts des communes ou des particuliers, comprises dans les
limites des bandites, le bois nécessaire à l'exercice de l'industrie pastorale.

Ce droit de copropriété a aussi pour complément, dans
certaines communes, des droits d'usage ou pâturage sur des
terrains non compris dans les bandites, mais y attenant, et
connus sous le nom de terziers, droits concédés sur lesdits
terrains pour permettre aux troupeaux un accès facile dans
les bandites elles-mêmes, qui représentent encore, dans ce
cas, le fonds dominant.

On comprend que nous posons seulement les principes
généraux de la matière et que, pour arriver à une solution
complète et équitable, il faudrait examiner avec soin les
actes constitutifs de chaque bandite dans chaque commune.
C'est ce que nous ne pouvons ni ne voulons faire. Chacun,
en lisant avec soin les titres constitutifs, pourra trouver facilement l'application de ces principes.

6° DU DROIT DE BANDITE DEVANT LA LÉGISLATION FRANÇAISE.

Ce n'est pas au moyen de la législation française qu'on
doit et qu'on peut parvenir à trouver la nature légale du
droit de bandite, nous l'avons déjà dit. Nous avons donc
pour but, en examinant la question sous ce point de vue,
d'en compléter l'étude, mais non de rechercher une autre
solution.

Nous ne nous occuperons que du droit de bandite proprement dit, en le dégageant des droits d'usage qui en sont
l'accessoire et pour lesquels la législation française se trouve
d'accord avec le droit civil sarde, c'est-à-dire avec le droit
romain.

Le droit de bandite est un démembrement de celui de
vaine pâture. Or, qu'est-ce que le droit de vaine pâture dans
la législation française ? Aux termes de la loi du **28** sep-
tembre-6 octobre **1791**, sur les usages et police ruraux, ce
droit est une servitude réciproque. Il doit être fondé sur un
titre particulier ou sur un usage local immémorial.

Mais nous ne devons pas perdre de vue que les bandites
comprennent dans leurs limites :

1° Des propriétés particulières de toute espèce ;

2° Des terrains vagues appartenant aux communes ;

3° Enfin des bois leur appartenant aussi.

Sur les terrains de la première catégorie, le droit de vaine
pâture n'est qu'une servitude ; sur les terrains communaux
non boisés, il peut être considéré, au contraire, comme une
copropriété. En effet, aux termes de la loi du **28** août-**14** septembre **1792**, rendue pour rétablir les communes et les citoyens dans les propriétés et droits dont ils avaient été
dépouillés par suite de la puissance féodale, le cantonnement des droits de pâturage sur les terres vaines et vagues
peut être demandé tant par les usagers que par les propriétaires, ce qui est le caractère de la copropriété.

Il n'en est pas de même pour les terrains de la troisième
catégorie, car les vrais principes ont été rétablis, en ce qui
concerne les bois, par l'article **63** du Code forestier, qui
dénie, avec raison, aux usagers le droit de demander le
cantonnement. D'ailleurs, il est douteux qu'on puisse considérer les bois comme susceptibles d'être grevés d'un droit
de vaine pâture. Telle est l'opinion des auteurs les plus accrédités, opinion conforme avec la jurisprudence actuelle.
Proud'hon s'exprime ainsi :

« On distingue deux espèces de pâturages, l'un appelé
vive et l'autre vaine pâture.

« La vive ou grasse s'applique au produit qu'on peut percevoir tout l'été par le moyen du pâturage sur les fonds des
tinés à fournir, durant cette saison, la nourriture des bestiaux qu'on y met en dépaissance.

« Le droit de vaine consiste dans la faculté que les habitants d'une commune ont d'envoyer pêle-mêle en dépaissance leurs bestiaux sur les fonds les uns des autres, lorsque ces fonds sont en jachères ou après qu'ils ont été dépouillés de leurs fruits, comme encore lorsque ces fonds ne consistent qu'en friches, qui, par rapport à l'infertilité du sol, sont abandonnées sans culture de la part des propriétaires.»

Dalloz en conclut que le droit de vaine pâture n'existe pas dans les bois et qu'il ne peut y être établi qu'un droit de vive pâture par titres.

Cette opinion nous paraît fondée, car Proud'hon a raisonné d'une manière générale et non en vue des pays du midi de la France, où la meilleure époque pour le pâturage est parfois en hiver, comme dans le cas qui nous occupe actuellement. Ce fait particulier ne modifie point sa savante dissertation.

La Cour de Lyon, par un arrêt du 4 mai 1866, a reconnu que le droit de vaine pâture proprement dit n'existait pas dans les bois et qu'il ne peut y être établi qu'un droit de vive pâture par titre.

Par conséquent, le droit de bandite, considéré dans les rapports avec la législation française, serait une servitude démembrée de la vaine pâture, en ce qui concerne les immeubles particuliers compris dans les bandites. Il serait un droit de copropriété en ce qui concerne les terres vaines et vagues appartenant aux communes, et enfin il serait un droit de vive pâture, c'est-à-dire un droit d'usage au pâturage pour ce qui regarde les bois communaux compris dans les mêmes limites.

On peut faire à cette théorie bien des objections, et dire notamment qu'aux termes de la loi française une servitude est une charge imposée sur un héritage pour l'usage et l'utilité d'un héritage appartenant à un autre propriétaire ; que cette condition n'existe pas ; qu'en outre les usagers ne peuvent céder ni louer leurs droits et que même, quand elles ont été constituées à titre onéreux, les servitudes ne peuvent être imposées à un fonds que pour le service d'un autre fonds.

Ces objections sont graves, mais elles ne donnent pas la solution de l'affaire.

Si donc on peut, à la rigueur, arriver à conclure, au moyen de la loi française, que le droit de bandite est un droit de co-propriété restreint, quand il s'exerce sur les terres vaines et vagues des communes, il est fort difficile de le définir pour le surplus. Ce n'est point quelque chose d'analogue à l'usu-fruit, car le droit de bandite est perpétuel et le bandiote n'est point astreint à donner caution. Ce n'est point un droit d'usage personnel puisqu'on le transmet à ses héritiers. Ce droit n'a donc point d'analogue dans la législation française, et ceux qui chercheraient à le définir, en y ayant seulement recours, n'y parviendraient pas.

CONCLUSION.

Nous sommes arrivé au terme de nos Etudes sur les forêts et les pâturages du comté de Nice.

Ceux qui voudront bien nous lire ne manqueront pas d'é-prouver un certain étonnement en voyant la variété et la complication des questions de l'espèce qui existent dans un aussi petit pays.

Mais nous espérons qu'on reconnaîtra que ces questions sont remplies d'intérêt au point de vue spécial de la pro-vince et même à des points de vue plus généraux, comme celui de la régénération des Alpes françaises et celui des libertés municipales et des abus qu'elles entraînent dans les pays de montagnes.

Nous nous estimerons heureux si notre travail peut contribuer, même pour une faible part, à mettre en lumière des circonstances et des faits qui méritent d'être connus et dont on peut tirer de nombreuses conséquences, suivant le point de départ qu'on aura choisi, ou le but qu'on voudra atteindre.

Nice, le 1ᵉʳ décembre 1873.

NOTES ET PIÈCES JUSTIFICATIVES.

NOTE A.

Dénombrement des bestiaux appartenant aux habitants du comté de Nice en 1873.

. Section première. — *Vaches, bœufs, taureaux, génisses, etc.*

Arrondissement de Nice.	6,663
Arrondissement de Puget-Théniers.	5,989
Communes de Tende et de la Briga (Italie).	441
Hameaux de Molieras et de la Lionne (Italie).	60
Total.	13,163

Cette quantité est basée généralement sur les déclarations faites aux mairies pour le payement des taxes municipales ; il faut y ajouter d'abord les veaux qui ne sont jamais compris dans ces déclarations, et que Foderé a fait entrer en ligne dans ses calculs (voir tome Ier, p. 325), puis les animaux non déclarés, qui sont très-nombreux par divers motifs faciles à apprécier. Ces deux catégories représentent au moins la moitié du premier total, ci 6,581

Ce qui donne, pour le nombre total des animaux de race bovine, en 1871. 19,644

Il était, en 1801, seulement de. 13,055

Section deuxième. — *Moutons, brebis, etc. (sans les agneaux).*

Arrondissement de Nice.	19,782
Arrondissement de Puget-Théniers.	40,037
Communes de Tende et de la Briga (Italie).	48,025
Hameaux de Molieras et de la Lionne (Italie).	400
Total.	108,244
Ajouter un dixième pour bestiaux non déclarés.	10,824
Total général en 1871. . .	119,064
Il était, en 1801, de.. . . .	119,360

Les agneaux ne sont pas compris dans les deux chiffres ci-dessus.

Section troisième. — *Chèvres, boucs (sans les chevreaux).*

Arrondissement de Nice. . . . . , ...   11,955
Arrondissement de Puget-Théniers.   7,611
Communes de Tende et de la Briga (Italie).   10,528
Hameaux de Moliéras et de la Lionne (Italie).   150

Total.   30,244
Ajouter un dixième pour les bestiaux non déclarés.   3,024

Total général en 1871.   33,268
Il était, en 1801, de. . .   36,610

NOTE B.

Bestiaux venant de Provence au pâturage d'été dans le comté de Nice,
en 1871.

Dans l'arrondissement de Puget-Théniers : moutons. . . .   24,390
Id.   id.   chèvres. . . .   572
Dans les autres parties du comté, néant.   »

Total.   24,962

NOTE C.

Bestiaux profitant des pâturages d'hiver dans le comté de Nice,
en 1871.

1° Moutons, brebis, etc. { provenant des communes françaises 14,554
{ provenant de Tende et de la Briga. . 27,296

Total. 41,850
(Sans compter les agneaux.)

2° Chèvres, boucs. . . . { provenant des communes françaises. 9,584
{ provenant de Tende et de la Briga. . 4,828

Total. 14,412
(Sans compter les chevreaux.)

Ces renseignements ont été pris au bureau de douane de Fontan, en ce qui concerne Tende et la Briga.

17

NOTE D.

Code forestier sarde. — Législation du flottage.

1° Se reporter au texte et aux considérants des Lettres-patentes, en date du **1er** décembre **1833**, par lesquelles S. M. le roi Charles-Albert approuve un nouveau Règlement pour l'administration des bois.

(Turin. — Imprimerie royale.)

Nous ne pouvons donner le texte même de ces documents qui sont beaucoup trop étendus. Nous avons cherché à nous en éloigner le moins possible, quoique obligé de nous restreindre et de n'exposer que les faits principaux.

2° Se reporter aussi au texte et aux considérants des lettres-patentes, en date du **28 janvier 1834**, par lesquelles S. M. le roi Charles-Albert approuve un autre Règlement et ordonne de nouvelles dispositions pour le flottage des bois sur les fleuves, rivières, torrents et lacs.

(Turin. — Imprimerie royale.)

NOTE E.

Exemple de la participation des habitants à la vente des bandites par les communes.

« L'an du Seigneur **1635** et le 4 du mois de novembre, la troisième année de l'Indiction, à Luceram, sur la place Faissetta, à l'issue de la première messe, en présence de nobles hommes Louis Cau et Jean-Baptiste Costa de Nice, témoins requis et choisis, le Conseil public et Parlement dudit lieu de Luceram y étant assemblé par l'ordre de noble homme Denis Gallo, bailli dudit lieu pour Son Altesse Royale, ensuite d'une citation faite, de porte en porte, à tous les chefs de maison, par Pierre Giausserando, huissier dudit lieu, ainsi déclarant, et sur l'instance de messire Louis Barralis, feu Pierre, feu Denis et de seigneur Melchior Barralis, feu Melchior, syndics de ce lieu, y sont intervenus, premièrement, ledit seigneur bailli, messires Louis et Melchior Barralis, syndics et aussi. . . . .

(Suit la nomenclature d'un grand nombre de chefs de famille de Luceram),

tous hommes et particuliers de ce lieu, conseillers et ayants droit de parler ès-assemblées. »

. . . .

« A ces fins, voulant mettre ce qui précède à exécution, au lieu et, comme il a été dit en commençant, se sont présentement réunis lesdits sieurs syndics, conseillers, hommes et particuliers, tous représentants de la commune de Luceram, et plus des deux tiers des hommes, tous ensemble avec l'assistance présente, consentement et autorité dudit seigneur bailli, lesquels, tant en leur nom qu'au nom de la commune, leurs héritiers et successeurs, librement et spontanément faisant suite aux enchères et délibération ci-dessus, affirmant la présente vente utile et nécessaire auxdits hommes et commune, ont donné, vendu, cédé, etc. »

(Extrait de l'acte de vente des bandites de Luceram.)

« L'an de la naissance de N. S. J. C. 1645, le troisième de l'Indiction, et le 7 du mois de septembre, qu'il soit manifesté par cet acte public que la commune et les hommes du présent lieu de Breil, obligés avec elle, ont fait procéder contre leurs créanciers, etc. . . .

. . . .

« Il est donc établi que ledit Parlement s'étant réuni d'ordre du délégué, d'après l'instance des nobles Jean-Baptiste Tealdo et Panfilo Rostagni, actuellement syndics, après le son de cloche obligatoire et la citation personnelle qu'on a l'habitude de faire, et que Ludovic Novo déclare avoir faite, sont, premièrement, intervenus dans ledit Parlement MM. les syndics Tealdo et Rostagni. . . . . .

(Suit la liste de nombreux habitants),

tous particuliers du présent lieu, lesquels syndics et parlementaires s'étant personnellement constitués devant le très-illustre sénateur et délégué et devant moi notaire et témoins soussignés, tant en leur propre nom qu'en celui de la commune, de leur libre volonté pour eux et pour leurs successeurs, etc. . . . . »

(Extrait de l'acte de vente des bandites de Breil.)

NOTE F.

Exemples des formules employées généralement dans les actes de vente des bandites, pour exprimer ladite vente.

« Lesquels (syndics et habitants), ont donné, vendu, cédé et remis, cèdent, vendent, remettent et abandonnent à perpétuité audit seigneur Jean Sibaudo, feu seigneur François, de Villefranche, ici présent, stipulant et acceptant pour lui et ses héritiers et successeurs, les bandites, au nombre de quinze, situées sur le territoire dudit lieu de Luceram, soit à savoir :

« 1° La bandite de la Scaletta, confrontant à l'Est les terres du Touët et la bandite de la Plastra ; au Couchant, le grand ravin qui descend à l'Escarène ; au Nord, la bandite du Rabier, et au Midi, les terres communes avec Escarène et Touët, etc., etc. . . . . pour les avoir, tenir, jouir, posséder, vendre, aliéner et faire tout ce que pouvaient faire lesdits hommes et commune de Luceram avant le présent acte, et comme peut faire un véritable possesseur du sien propre ; franches et libres de toute charge et service, et dans la façon des conventions expresses, clauses et conditions indiquées dans les ordonnances du Conseil du lieu de Luceram qui, comme il a été dit plus haut, sont transcrites à la suite du présent, etc. . . . .

« Lesdits hommes et commune donnant, cédant et remettant au seigneur Sibaudo, ici présent, et comme dessus stipulant et acceptant tous droits, raisons, prétentions, actions hautes, basses, hypothécaires qu'ils avaient et pouvaient avoir, en quelque manière et pour quoi que ce fût, sur lesdites quinze bandites, conformément aux conventions ci-dessus et ci-après transcrites, se dépouillent de tous ces droits, raisons, prétentions et actions, sauf les conventions entre les parties, investissant ledit seigneur Sibaudo et le constituant dans lesdites bandites vrai maître et seigneur, comme de choses lui appartenant, desquelles bandites ledit seigneur Sibaudo a pris en personne et réellement possession le jour de la présente vente, comme lui et lesdits hommes et commune l'ont affirmé. . . . . »

(Extrait de l'acte de vente des bandites de Luceram.)

« Ont respectivement (les syndics et les habitants) donné, cédé *in solidum* et en payement et remis, ainsi qu'en vertu du présent acte

public, ils donnent, cèdent en payement et remettent aux créanciers
et censitaires ci-présents, stipulants et acceptants pour eux, leurs héritiers et successeurs, etc. . . . .
les biens et raisons indiqués ci-dessus sous les limites et avec les
conditions en tout et pour tout, ainsi qu'il est dit dans la même
note, etc. . . . .

« La commune cédera aussi en payement, comme dessus, les
bandites de la Montar ou soit Vaudino, etc., etc. . . . .

« Sous les confins désignés dans le rapport d'estimation et avec les
conditions et les réserves de réméré dont sera parlé ci-dessous. . .

« La bandite de la Montar ou soit Vaudino confine à l'Est le torrent Rodia ; au Nord, le vallon de la Giandola et, en suivant ce vallon, jusqu'à la Monta, et de ce point, en suivant jusqu'au Nord les
confins de Saorgio, jusqu'au torrent Rodia, lesquelles bandite et dépendances nous avons estimées 1,150 ducatons.

« La bandite de Broïs, etc., etc. . . . .

« Les acquéreurs pourront avoir, tenir, posséder, jouir, aliéner et
faire desdits biens et raisons tout ce qu'il leur plaira de faire, se donnant les parties respectivement tous les droits, raisons et actions que
la commune et les citoyens ont, avaient et pouvaient avoir sur lesdits biens et raisons ; desquels droits se dépouillent au profit des
acquéreurs, etc. . . . . »

(Extrait de l'acte de vente des bandites de Breil.)

NOTE G.

Conditions ordinaires de jouissances concédées aux bandiotes dans les
bandites.

« Les propriétaires desdites bandites pourront les faire pacager par
des menus troupeaux (avérages), selon la consuétude, depuis le
1er août jusqu'au 15 avril de chaque année inclusivement, excepté
cependant les possessions ou soit les terrains plantés de Vigne et
d'Oliviers, et d'herbages et les prairies, où ils ne pourront pacager
qu'à partir du 25 novembre jusqu'au 1er mars de chaque année inclusivement, avec des troupeaux laineux seulement, avec la faculté
aux particuliers de cette commune de faire pacager, sans aucune
rétribution, dans lesdites bandites, leurs troupeaux de gros bétail et
juments, selon le cahier des charges municipal rédigé par le Parlement public, sous la date du 25 mars 1630 ; lesquelles bandites se-

ront closes et défendues, dans l'intérêt des propriétaires, depuis le 1er août jusqu'au 15 avril inclusivement, et, ce délai expiré, les étrangers qui les auront pacagées seront tenus de s'éloigner avec leur troupeau du territoire de cette commune, sous peine de deux écus d'or par chaque jour, applicables un tiers au fisc de S. A. R. et les deux tiers à la commune. . . . .

« Il sera facultatif aux locataires des bandites de pacager en son temps, tant dans les terres et forêts communales que dans celles des particuliers dépourvues de semailles et comprises dans les bandites.»

(Extrait de l'acte de vente des bandites de Breil.)

« La commune de Peille et les habitants vendent et cèdent onze bandites, à dépaître suivant l'usage, conformément aux règles suivies par le passé pour la dépaissance tant sur les terres communales que sur celles des particuliers possédant biens sur le territoire de Peille, en payant les dommages occasionnés par les troupeaux, conformément aux règlements locaux, etc. . . . .

« Dans lesquelles bandites les acheteurs introduiront les troupeaux depuis le 1er novembre jusqu'au 3 mai, etc. . . . . »

(Extrait de l'acte de vente des bandites de Peille.)

NOTE H.

Franchise des bandites.

« La commune vend lesdites bandites franches et libres de toute charge que la commune pourrait imposer, soit pour dons de guerre, logements, que pour dettes contractées ou à contracter par la commune, avec promesse de l'éviction en forme. . . . . »

(Extrait de l'acte de vente des bandites de Luceram.)

« La commune a cédé et cède les biens et raisons ci-dessus, francs et libres de tout service, servitudes et toute autre charge soit locale, soit ducale, prévue et imprévue qui pourrait à l'avenir être imposée. . »

(Extrait de l'acte de vente des bandites de Breil.)

NOTE I.

Concessions de droits d'usage au bois pour l'exercice du pâturage dans les bandites.

« L'acheteur pourra, à son bon plaisir, vendre le pâturage desdite bandites à qui bon lui semblera, excepté pourtant que le fermier ne pourra dépeupler les arbres, sauf pour l'usage des bergers et du par-cage, conformément aux statuts municipaux du lieu. . . . . »

(Extrait de l'acte de vente des bandites de Luceram.)

« Il sera facultatif aux bandiotes ou bergers qui garderont les trou-peaux, pendant la durée de la dépaissance, de prendre du bois pour leur usage et de couper des branches pour les chevreaux et les agneaux, le tout sans abus. . . . . »

(Extrait de l'acte de vente des bandites de Peille.)

« Il sera permis aux bergers qui feront pacager lesdites bandites de se servir des forêts communales sans commettre cependant des abus ; il en sera de même à l'égard de ceux qui pacageront les Alpes pour leur propre usage et pour leurs chaumières, sans qu'ils puissent cependant les transporter ailleurs, à la réserve cependant des arbres de Mélèze qu'ils ne pourront ni couper ni élaguer, et dans le cas où, sur lesdites Alpes, il n'y eût d'autre bois que des Mélèzes, il leur sera permis d'en prendre pour l'usage sus-désigné en choisissant des endroits élevés et plus rapprochés desdites Alpes. . . . . »

(Extrait de l'acte de vente des bandites de Breil.)

NOTE J.

Concession des facultés de pâturage dans les terziers.

« L'acheteur de ce pâturage (le sieur Sibando, de Villefranche), étant étranger, pourra pacager dans les bandites depuis son entrée en bandite jusqu'au 8 avril, avec faculté à ses fermiers de paître dans les terziers attenants aux bandites, sans payement ni incursion d'aucune peine, sauf à indemniser les particuliers pour les terrains semés, les Oliviers et autres arbustes domestiques, et, dans ce cas, il encourra le ban et la peine comme les gens du pays. . . . .

« Sont excluses de la présente vente la bandite de Braüs et celle de Cuoallas et aussi les pâturages existant hors des confins desdites bandites (c'est-à-dire les Terziers), qui resteront à la charge de la commune et dans lesquels l'acheteur ni ses fermiers ne pourront s'ingérer ni prétendre aucun droit sans le bon plaisir de la commune, comme il a été d'usage par le passé. . . . . »

(Extrait de l'acte de vente des bandites de Luceram.)

NOTE K.

Réserves ordinairement faites en faveur des habitants.

« Les habitants pourront pacager dans ces bandites, les bêtes de labour et de pied rond, comme il est dit ci-dessus, sans payement aucun, avec leurs bêtes de gros bétail, dans l'hiver depuis Noël, jusqu'à mi-août, et en automne depuis la Toussaint, comme d'habitude.

« Les chèvres du troupeau commun pourront pacager deux jours de la semaine, pendant le temps de l'occupation de l'acheteur, dans les bandites de Malsang, Martel, Buonmereci et Malbousquet, et le troupeau de la boucherie à l'usage de Luceram aura cette liberté, sans payement, toute l'année, dans la bandite de Rabier, comme il a toujours été observé. . . . . »

(Extrait de l'acte de vente des bandites de Luceram.)

NOTE L.

Variété des propriétés vendues dans les mêmes actes et avec les mêmes formules que les bandites.

« La commune et les hommes dudit lieu vendent et cèdent à leurs créanciers :

« Les sept bandites de Broïs, Monte, Montar, etc. . . . .

« Les trois Alpes (ou montagnes pastorales), de l'Authion, de Ca-

banin, etc. . . . .
« Les trois fours de la commune,
« La gabelle du Pain-Blanc,
« La gabelle des Truites,
« La gabelle des Perdreaux,
« Les herbages, etc. . . . . »
(Extrait de l'acte de vente des bandites de Breil.)

NOTE M.

Nombre approximatif des bandites du comté de Nice, appartenant à des particuliers, leur revenu et leur valeur approximatifs. — Leur situation.

1° Commune de Châteauneuf. . .	7 bandites.	Revenu		3,950 fr.
2° — de Roquette-Saint-Martin.	3	—	—	210 —
3° — de Duranus.	6	—	—	500 —
4° — d'Apremont.	3	—	—	3,700 —
5° — d'Utelle.	18	—	—	1,660 —
6° — de Breil.	7	—	—	9,600 —
7° — de Coaraze..	4	—	—	860 —
8° — de Peille.	11	—	—	9,000 —
9° — de Luceram.	15	—	—	2,770 —
10° — de Sospel..	3	—	—	4,100 —
11° — d'Eza	1	—	—	800 —

Total. . . . . . . 78 bandites d'un revenu de 37,150 fr., ayant une valeur de 743,000 si on capitalise le revenu à 5 pour 100.

Observations.

1° Plusieurs des bandites, primitivement vendues, ont été subdivisées volontairement, par suite d'héritages, de ventes partielles ou de partage. Le nombre réel des bandites actuelles dépasse cent.

2° Les pâturages d'été appartenant à des particuliers et vendus dans les mêmes conditions que les bandites ne sont pas compris dans ce calcul, quoique, par habitude, on désigne souvent aussi ces pâturages d'été par le nom de bandites, nom qui ne leur appartient pas, ainsi que nous l'avons expliqué.

3° Les chiffres mis en avant pour représenter les revenus sont plutôt au-dessous qu'au-dessus de la vérité. On peut dire, d'une manière générale, que le produit des bandites particulières du comté de Nice est au moins de 40,000 francs et que la valeur de ces droits est de près de 1 million.

4° Le territoire des communes ci-dessus est presque entièrement grevé de droits de bandite. Il y a une contenance totale de 41,555 hectares avec une population de 16,354 habitants, qui tous souffrent plus ou moins de cette situation regrettable.

NOTE N.

Liste des ouvrages particulièrement consultés.

1° *La Revue des eaux et forêts de 1862 à 1873*, articles de MM. Bouquet de la Grye, du Guiny, Serval, Demontzey, Marchand, de Venel, etc., sur le reboisement des montagnes et sur les questions pastorales et forestières dans la chaîne générale des Alpes ;

2° *Chorographie du comté de Nice* (en français), par le baron Louis Durante ; — Turin, 1847, chez les frères Favale ;

3° *Voyage aux Alpes-Maritimes*, par le Dr Foderé ; — Paris, 1821 ; Levrault ;

4° *La Provence au point de vue des bois, des torrents*, etc., par Ch. de Ribbe ;

5° *Flore forestière*, par A. Mathieu, professeur à l'École forestière ;

6° *Le reboisement et le regazonnement des Alpes*, par le même ;

7° *Les Conifères indigènes et exotiques*, par de Kirwan ;

8° *Les Animaux des forêts*, par Cabarrus ;

9° *Le Monde des Alpes*, par de Tschudy ; — Berne, Dalp, 1870 ;

10° *Usages et Règlements locaux dans les Alpes-Maritimes;* — Nice, 1870 ; E. Gauthier ;

11° *Étude sur les Torrents des Hautes-Alpes*, par A. Surrel et Cézanne;

12° *Mission forestière en Autriche*, par L. Marchand ;

13° *Études sur l'économie forestière*, par Jules Clavé ;

14° *Mémoire sur le caroubier en Algérie* (extrait des *Mémoires* de la Société centrale d'agriculture de France), par M. le duc d'Ayen ; — Paris, 1873 ; Bouchard-Huzard;

15° *Commentaire du Code forestier*, par E. Meaume, professeur à l'École forestière ;

16° *Les Torrents des Alpes et le Pâturage*, par L. MARCHAND ; — Paris, 1872 ;

17° *Études sur l'aménagement des Forêts*, par L. TASSY ; — Paris, 1872 ;

18° *L'Agriculture des Etats sardes*, par l'abbé Désiré NIEL ; — Turin, 1856 ;

19° *Statistique des Alpes-Maritimes*, par le professeur Joseph ROUX ; — Nice, 1862 ; Cauvin, éditeur.

Nous ne citons ce dernier ouvrage que parce que nous avons été dans la pénible nécessité de nous tenir en garde contre les nombreuses erreurs qu'il contient en matière pastorale et forestière.

NOTE O.

Notice sur Foderé et Durante.

Nous croyons devoir donner quelques détails sur ces deux auteurs, dont les travaux nous ont été particulièrement utiles et qui sont peu connus des forestiers français.

Le baron Louis Durante, d'une ancienne famille niçoise, a exercé longtemps les fonctions d'inspecteur des bois et forêts dans l'administration sarde. Il a eu le courage de signaler énergiquement, dans sa Chorographie du comté de Nice, les abus et les dévastations qui se commettaient alors. Il a eu l'intelligence d'indiquer la plupart des remèdes propres à guérir le mal. C'est justice que de rendre hommage à ses loyales intentions.

Le docteur Foderé, né en Savoie et issu d'une famille établie depuis longtemps dans le pays, a été initié dès sa jeunesse, comme le baron Durante, au mode d'administration, aux coutumes et aux mœurs des populations soumises au gouvernement sarde.

Envoyé en mission à Nice vers 1801 et chargé, par le ministre Chaptal, de faire la statistique générale du département des Alpes-Maritimes, il s'acquitta de sa tâche avec une supériorité qui fut remarquée.

Son travail fut terminé en 1803. On lui en proposa l'impression aux frais du gouvernement, mais sous un autre nom que le sien.

La bienveillance du ministre et l'avancement devaient être les conséquences de cette combinaison. Foderé n'avait pas de fortune, pourtant il refusa et attendit patiemment, pendant près de vingt ans, que ses ressources lui permissent de publier lui-même son travail, dont l'apparition fut accueillie avec la plus grande faveur vers 1821.

Foderé s'était fait, par son mérite, une position distinguée dans le monde savant.

Il était devenu professeur de médecine légale à la Faculté de Strasbourg.

Nous avons vu quelle était son indépendance de caractère en 1803, sentiment qui, chez lui, était fondé non sur la vanité, mais sur l'amour de la justice.

Les années ne l'avaient pas changé. Dédaignant de courtiser les influences du jour, il dédia son ouvrage à la fidèle et modeste compagne de sa vie.....

Ceux qui liront le travail de Foderé seront frappés de son esprit d'observation, de l'étendue de ses connaissances, de la sagacité de ses remarques et de la rectitude de ses appréciations. Son livre a un cachet de bon sens, de simplicité et d'honnêteté qui inspire une sympathique confiance.

Pourtant il n'en recueillit aucun avantage, aucune distinction.

Il est vrai qu'il emporta dans la tombe les regrets de tous ceux qui l'avaient connu, et nous croyons qu'au fond il ne désira jamais autre chose que l'estime des honnêtes gens.

Il est du petit nombre de ceux dont on peut dire : « *Il a choisi la meilleure part et elle ne lui sera point ôtée.* »

Ajoutons pourtant que, depuis quelques années, son nom a été donné à l'une des rues de la ville de Nice, où on le considère avec raison comme un des hommes qui ont bien mérité du pays.

TABLE DES MATIÈRES.

FIN DE LA TABLE DES MATIÈRES.

PARIS. — Imprimerie de Mme Ve Bouchard-Huzard, rue de l'Éperon, 5.

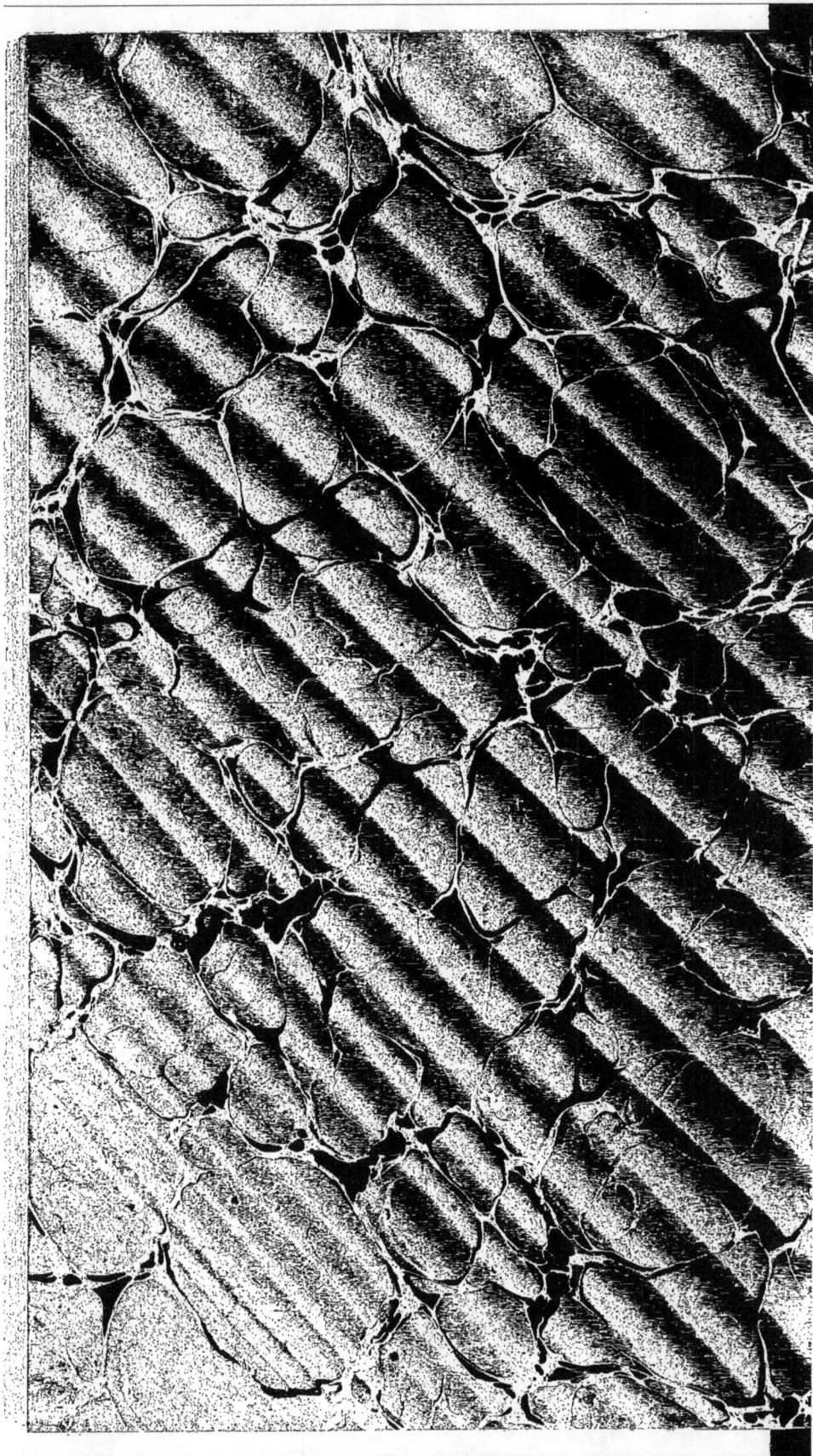

www.ingramcontent.com/pod-product-compliance
Lightning Source LLC
Chambersburg PA
CBHW070257200326
41518CB00010B/1818